優渥叢書

連賈伯斯都想學的

非理性行銷

川上徹也——著
黃立萍——譯

廣告教父教你動搖人心 7 堂課，
激起顧客的「購物衝動」！

前言　假如你是消費者，看到這些商品會心動或衝動嗎？　011

序章

創造暢銷的第一步，就是讓顧客理智斷線

017

是否在商品中加入「情感元素」？　018

案例▼為何給小松菜聽重金屬音樂，能讓訂單快速增加？

案例▼便當附上一張小卡，可以產生大腦活化的錯覺

是否成功挑起「人性衝動」？　022

只追求「計算式銷售」，無法在市場中長久立足

案例▼理容院只有七張坐椅，每月竟能吸引千名商務人士

借鏡優秀行銷案例，快速躋身「情感式銷售」行列

是否提出「夢想」與「尊榮」？　031

案例▼販售夢想與自我實現，是永不退燒的生意

怎麼融合實體店和網路商場，發揮相乘效果？

必學「七大情感銷售法」，你也能像賈伯斯一樣虐粉　037

CONTENTS

第1章

把顧客的心聲，放入銷售「體驗」中 041

「我好想跟他見面，就算拍個照也甘心！」 042

案例▼你願意花多少錢，和奧運金牌選手一起運動？

案例▼旅行指南了無新意，何不讓當地人親自帶路

案例▼這年頭送禮品不稀奇，致贈體驗令人印象更深刻

案例▼人們對其他職業的好奇，也可以促成一門好生意

「我好想變漂亮，這樣化妝真是厲害！」 051

案例▼為何那位化妝品店員，擁有大批女高中生粉絲？

案例▼鋼筆店設立「高級試寫區」，大幅提升銷售量

案例▼看準女性喜歡手作，工具行用DIY課程拓展客群

案例▼自行車行讓顧客享受頂級體驗，再降價勾起欲望

「我覺得它好特別，就是跟別人不一樣！」 063

案例▼英語教室打造仿真空間，讓學習不侷限於課本

案例▼客運引進「變美座椅」，打破廉價的刻板印象

案例▼飯店如何抓住一個特點，與同業拉開距離？
案例▼在計程車身上加哪個符號，能讓人忍不住攔車
案例▼如何鎖定客群，從數萬台計程車中脫穎而出？

第2章 把顧客的需求，化成「心動」文字和影片

把顧客的需求，化成「心動」文字和影片 075
「我就是為那個標題買的，因為激起我的好奇！」 076
案例▼讓顧客快速記住你的方法，就是自創吸引人的頭銜
案例▼如何用一句文案，就賣掉一萬三千顆廢棄高麗菜？
人力不足的農家，怎麼靠文字力讓志工蜂擁而至？
「哇！那個影片的食物感覺真好吃啊！」 083
案例▼網路直播賣蒜頭，創下單次十萬日圓新紀錄
拿掉直播的「及時」和「營利」元素，還能如何獲利？
案例▼每天持續上傳無趣的影片，竟讓訂單如雪片飛來
案例▼顧客的真實反應影片，是最好的免費行銷

CONTENTS

「那家店的員工真熱情，我都不好意思不買！」 095

案例▼玩具店員實際玩商品，連家長的心都被立刻擄獲

案例▼雜貨店真情打動顧客的方法，是讓員工賣熱愛的商品

案例▼為什麼單純分享喜愛的書籍，也能促進銷量？

案例▼製造話題的第一步，先想一個琅琅上口的口頭禪

第3章

翻轉老舊氣氛，營造獨特的「世界觀」 109

「這個百年歷史建築，世界上只有這裡有！」 110

案例▼重新翻修舊倉庫，打造成自行車騎士的天堂

只要找到地利優勢，巨大危機就可以變成轉機

案例▼為什麼破爛的木造長屋，會成為超人氣景點？

「在這裡睡覺，比在我家更有Feel！」 119

案例▼將多個建築物結合成一家飯店，順便解決空屋問題

案例▼飯店主打「三人旅」，用冷門商品挑戰主流市場

「這裡好酷，讓我一下子就被說服！」 125
案例▼收集全日本在地美食的商店，如何統一風格？
案例▼將納豆店打造得像甜點店，讓顧客慕名而來
「打造專屬世界觀」聽起來很難？其實…… 132

第4章

用「共創、協創」與顧客談戀愛，路人直接變鐵粉

137
「他怎麼知道，我一直很想參加這種活動？」 138
案例▼為何啤酒公司的交流活動，能讓四千狂粉爭先恐後？
案例▼毛巾公司數十年如一日的堅持，確立無數老粉
認同公司理念的粉絲，是事業低谷的救命韁繩
「參加這個活動有吃又有拿，真是不好意思！」 148
案例▼為了報答裝潢公司的貼心服務，顧客用入股表達感謝
案例▼駕訓班擺脫「潛規則」，被業界罵爆卻引來大批學員
為什麼駕訓班的結業典禮上，許多學員都留下眼淚？

CONTENTS

「喔，真棒！募資讓我拿到市面上沒有的好康！」 156
案例▼釀酒廠如何藉由故事的力量，募集三千八百萬日圓？
「太厲害！他們不是競爭對手嗎？還能一起……」 159
案例▼全日本書店店員在網路上秘密結社，合力創造暢銷書
3方法快速激發絕佳點子，讓忠實鐵粉幫你忙 162

第5章
如何幫商品找到「拍照打卡」的理由？ 171

「這個商品好有藝術感，我要拍照傳給朋友看！」 172
案例▼外型樸素的羊羹，憑什麼成為社群網站的鎂光燈焦點？
案例▼顛覆業界刻板印象，用跳痛的顏色更能吸人眼球
案例▼掌握鮮豔顏色的用法，平凡的在地名產也能備受矚目
「真的這麼新鮮嗎？賞味期怎麼可能只有十分鐘？」 180
案例▼賞味期限只有十分鐘！點心用限定感引發好奇心

案例▼將實驗結果拿來命名，「一秒毛巾」更名後大賣
「住這裡的人好幸運，每天都能看到漂亮的景色！」 185
案例▼陷入營運危機的電車，如何利用「日常景色」翻轉業績？
案例▼沒落古蹟結合「上相」商品，吸引年輕人慕名而來
案例▼動物園推出「可愛動物餐」，再創一波打卡熱潮
習以為常的風景，可能蘊藏讓人遠道而來的價值

第6章

販售「只有這裡有」的限定感

197
「真的假的，這裡是唯一沒有星巴克的縣市！」 198
案例▼咖啡結合當地歷史，即使高價也能讓顧客爽快買單
案例▼茨城身為「邊緣城市」，如何用哈密瓜逆襲成功？
案例▼日本唯一沒星巴克的縣市，在自嘲笑話中找到商機
案例▼如何為無名的美食製造話題，引爆全國知名度？
【方法】在商品加入「人」的元素，用平淡日常感動人心 211
案例▼觀光地不賺觀光財！小布施馬拉松帶跑者進入真實生活

CONTENTS

案例▼為何漁夫穿了一年的牛仔褲，價格直逼新品的兩倍？
【方法】採取與同業不同的策略，走出無可取代的獨家路線 217
案例▼便利商店不賣關東煮、八點打烊，竟拿下北海道第一市佔
案例▼堅持做自己想用的保養品，從當地品牌飛躍國際
案例▼廣告公司銷售客制化訃聞，在同業中異軍突起
【方法】活用當地的「不良文化」，反而更引人好奇 227
為什麼前不良集團「鉈出殺殺」總長，會一頭栽進農業？
案例▼尖銳插圖配「募集不良少年」文案，英特爾精英都來應徵！
案例▼認真執行愚蠢點子，居然讓人湧出購買的衝動

第7章
激起顧客「懷舊」的心情 237
【方法】人們心中的美好回憶，就是龐大商機所在 238
案例▼任天堂推出復古遊戲機，全球狂賣四百萬台
案例▼懷舊產品不只促進購物欲，還可以宣傳新技術
案例▼五台歷史級電動木馬，誘使一百四十六萬遊客湧進遊樂園

「我一定要去這個地方，因為讓我想起小時候……」 244

案例▼老舊公設市場的轉型，竟帶動全日本復古橫丁的風潮！

案例▼沒人敢走進的商店街，如何變成人滿為患的假日市集？

「參加這個活動後，我留下一生難忘的經驗！」 252

案例▼怎麼將校園活動發揚光大，甚至活化整個城市？

重新看待習以為常的傳統活動，找出不一樣的商機

「在這裡買ＣＤ，讓我腦中湧現初戀的回憶……」 258

案例▼為何唱片公司要在國道休息區，販售復古精選ＣＤ？

案例▼將充滿老字號書店的城市，打造得讓人專程來閱讀

案例▼兩座喜愛書籍的城市，該怎麼良性競爭或合作？

結語 被情感驅動是人性，巧妙運用人性是實力！ 267

話說回來，為什麼我會想寫這本書呢？因為我不只獲得讀者的正面意見，同時也收到不少負面意見：

「我依照書中理論收集三支利箭❶，希望建構故事銷售的世界，但沒有立刻得到成果，所以沒多久就放棄了。」

為什麼按照理論做事卻不順利呢？其實是因為現場的熱度不夠，因此本書將介紹增加熱度與情感的諸多案例。

本書是創造現場熱度的預習筆記

請各位想像用大型鐵板製作炒麵的畫面。不論手邊的食材多麼頂級，如果沒有充

❶ 根據《為什麼超級業務員都想學故事銷售》，故事銷售由三支箭構築而成，分別是抱負、獨特性的關鍵、動人的情節。

分加熱鐵板，就無法做出美味的炒麵。相同地，即使理論說得非常有道理，只要現場沒有熱度，自然得不到結果。

如果店家或公司的鐵板一開始就處於溫熱狀態，或是知道該怎麼加熱鐵板，照理論行事當然沒問題。但是，缺少這些條件的店家或公司，需要一本專門傳授如何加熱鐵板的預習筆記。雖然筆記中沒有艱澀的道理，卻可以當作參考，有助於創造現場熱度。

本書提供大量案例，相信能讓各位想一試究竟，而且書中不僅有表面對策，還有能理解案例的背景故事。我認為許多人需要這樣的書。

在大量列舉的案例中，各位可能聽聞過某些故事，但若能在閱讀時轉換觀點，時常思考：「該如何將這個案例應用在自家公司」，便會產生截然不同的收穫。為了讓各位在閱讀過程中強化這個想法，我在介紹完案例後，會盡量丟出問題：「是否能將這個案例這麼應用？」目的是希望各位將案例或提問作為參考，自行思考銷售點子，再試著實際執行。

努力付諸實現比空懂理論更重要，而且只要認真執行，一定會產生成果，即使只有一點點收穫，仍然能催生現場的熱度。產生熱度後再回到理論，有助於展現出最佳效果。

接下來，序章會講述一些道理，然後第一章開始徹底介紹動搖情感的銷售案例。

順帶一提，我撰寫本書時，一直希望各位先提高閱讀興致，再於銷售現場點下改變的火苗。話不多說，讓我們從序章開始，看看具體案例吧！

倘若只專注於商品或服務本身，當消費者發現更好、更便宜的商品或服務，便會輕易投奔其他店家。這麼一來，小型公司或店家的未來將充滿不確定性，越是想把東西賣掉，反而越賣不出去。

序　章

創造暢銷的第一步，就是讓顧客理智斷線

是否在商品中加入「情感元素」？

案例▼為何給小松菜聽重金屬音樂，能讓訂單快速增加？

請想像自己是農民，你在販售小松菜（類似台灣的油菜）時會考慮哪些因素呢？一般來說，大多人都會關注味道、栽種方式、價格，或是營養價值。然而，有個農民卻這樣想：「如果讓小松菜聽重金屬音樂，也許會發生有趣的事。」

那個農民曾在電視上看到，某個麵包工廠在麵糰發酵時播放古典樂，結果使麵包的甜味增加。他心想，如果讓小松菜聽重金屬音樂，說不定能改變味道，或是增加鐵質等營養成分，於是他每天都播放重金屬音樂給小松菜聽。

很遺憾地，這麼做沒有改變小松菜的味道，也沒增加營養成分。之後，那個農民把小松菜聽重金屬音樂的情景上傳到 YouTube，並將那些飽含著遺憾結果的蔬菜取名為「重金屬樂小松菜」，卻出乎意料地大熱銷。

明明特意強調「味道和營養價值都沒變」，為什麼會成為熱賣商品？線索在於重金屬樂小松菜包裝上的文案：

走吧！

讓我們超越味覺

沒錯，這項商品因為超越味覺、品質、營養價值等理性層面的因素，成功動搖人心，才會導致熱賣。這個案例來自於千葉縣富里市的農業生產廠商「蔬菜農場」（Vegefru Farm）。這家公司還有許多有趣的對策，第六章將詳細介紹。

案例①　蔬菜農場的「重金屬樂小松菜」

將小松菜聽重金屬音樂的情景上傳到YouTube，成功動搖人們的情感，促成大熱賣。

案例▼便當附上一張小卡，可以產生大腦活化的錯覺

我之前在某家企業進行演講與工作坊時，發現中午吃的是「活化會議便當」。打開一看，裡頭有五穀米、照燒鮭魚、西京燒銀鱈、淋上味噌醬的帆立貝、芝麻豆腐、燉煮料理等配菜，乍看就是普通的便當，但特別的是，便當裡有一張卡片寫著：

便當使用的主要食材，都富含能活化大腦、消除精神疲勞的成分。而且，由於沒有油炸物，所以不會對胃產生負擔，還可以防止血液在用餐後往胃部集中。另外，食用時請充分咀嚼，以增加大腦皮質區的血液循環，進而活化大腦。而且，充分咀嚼有助於增加唾液的分泌量，唾液中的蛋白質「味覺素」（gustin）會使味覺變得敏感，讓你更能享受食物的風味。翻面還有更多知識↓

理性思考後應該不難發現，便當食材沒有富含什麼厲害成分，不可能輕易活化大腦或會議。不過，我看到文字後竟產生被活化的感受，真是不可思議。

活化會議便當來自於東京銀座的外送便當店「築地青木」，已申請註冊商標。研

發這款便當的由來是，許多公司在會議、研修、研討會的午餐時段，會訂購築地青木的便當，但用餐後經常變得想睡覺，因此該店展開研發，希望做出活化大腦的便當，讓人吃完飯後腦子依然清醒、能想出絕佳點子，並深信如果研發成功一定能大賣。

話說回來，我將寫有商品說明的卡片翻到背面，看到一行作為「飯後甜點」的文字：「自己ENJOY＋公司也ENJOY＝大家都ENJOY！」據說每個便當的文字都不一樣，總共有四十種以上不同的標語。此外，還會連結公司名稱寫成以下字句：「希望貴公司的會議被活化，靈感像雪崩一樣源源不絕。」

多虧活化會議便當，在當天下午的工作坊，我的靈感有如泉湧。這樣的便當雖然有點貴，但頗受歡迎，常被媒體報導。一般來說，便當的賣點通常為食材、味道、價格等，但是當人心被「活化會議」這個特色打動，即使商品稍貴還是會想訂購。

案例②　築地青木的「活化會議便當」

在便當中附上寫有食材成分及功效的小卡片，讓人產生大腦活化的錯覺。

是否成功挑起「人性衝動」？

不論購物或在餐飲店用餐，大致有兩種消費模式，分別是「計算式消費」和「情感式消費」。**計算式消費指重視理性的消費**，也就是考慮價格、實用、便利、知名度等條件後再加以選購。簡單來說，這種方式考量價格和品質的平衡，依據合理性來消費。日常生活中，很多人都採用此模式，追求ＣＰ值就是其中之一。

另一方面，**情感式消費並非透過理性思考，而是以感情作為依據，即使商品的價格有點貴，卻會讓人產生想買下來的衝動。**

典型的情感式消費是購買與興趣相關的事物，例如：心儀音樂家的周邊商品、球團紀念品、精品包、高級車，以及名牌手錶、首飾，或是在有紀念意義的日子到時髦餐廳用餐等。不論是旅行時購買紀念品，或是挑選禮物，比起計算式消費，我們更容易以情感式消費優先。

此外，即使沒有特別重大的理由，有些人單純因為某事物看起來有趣，便興起購買欲望。前文提到的重金屬樂小松菜、活化會議便當都是如此，購買者是因為內心被打動，覺得「好像很好玩」、「只有這裡才有賣」，才會想買買看。

每個人計算式和情感式消費的比例各有不同。有人幾乎都用計算式消費來購物，有人則是情感式消費的比例較高。順帶一提，一旦經濟不夠寬裕，人們會傾向計算式消費。然而，總是根據精確計算來消費，心靈無法獲得滿足，因此人們有時會藉由情緒化且不合理的消費行為取得平衡。神奇的是，購買無用的東西通常更能滿足心靈。

有些人平常採取計算式消費，但只要看到特定領域的物品，就會拋開理性的煞車，猛然衝向情感式消費。即使是看似完全相反的兩種人，都會在計算和情緒式消費之間來來回回，因為人類就是這樣的生物。

只追求「計算式銷售」，無法在市場中長久立足

人們的消費行為無法以一言敝之，但不論你是中小企業、個人商店的經營者或員工，若想銷售商品，只在價格、品質等條件上一決勝負，可說是毫無勝算。因為大企業、連鎖店的效率極佳，非常擅長在價格和品質中取得平衡。

也就是說，中小型公司或店家必須利用特定形式動搖顧客的情感，在情感式銷售的擂台上分出高下，當然具備優良的產品或服務品質是大前提。前文提到的重金屬樂小松菜，正是在情感上決勝負的絕佳案例。如果只將重點聚焦在商品本身，就會不小心踏上計算式銷售的戰場。下列都是以商品為中心的銷售方式：

因為是農民，所以販售蔬菜。
因為是便當店，所以販售便當。
因為是咖啡店，所以販售咖啡。
因為是書店，所以販售書籍。
因為是酒鋪，所以販售酒品。
因為是文具店，所以販售文具。
因為是花店，所以販售花卉。
因為是麵包店，所以販售麵包。
因為是加油站，所以販售汽油。
因為是藥妝店，所以販售藥品和日用品。

因為是牙醫，所以販售牙齒治療服務。
因為是律師，所以販售法律諮詢服務。
因為是不動產公司，所以販售物件。
因為是理髮院，所以販售剪髮服務。

倘若只專注於商品或服務本身，當消費者發現更好、更便宜的商品或服務，便會輕易投奔其他店家。這麼一來，小型公司或店家的未來將充滿不確定性，越是想把東西賣掉，反而越賣不出去，完全跌入只販售商品或服務的傻瓜狀態。

案例▼理容院只有七張坐椅，每月竟能吸引千名商務人士

請想像自己是理容院❷店長，如果希望更多顧客上門，首先要思考什麼？是剪髮

❷日本的理容院類似於台灣傳統理髮院，提供剪髮、刮鬍子、修整指甲等服務。

技術、價格，還是熱情款待？大多數的理容院都將重點放在目前提供的服務上，但這麼做，便會落入只販售服務內容的傻瓜狀態。

有一家理容院號稱「全日本成功商務人士最愛去的理容院」，驚人的回頭率讓店家引以為傲，它就是位於東京西新宿的辦公大樓地下室、只有七張理髮座位的小店ZANGIRI。

實際上，理容業界面臨相當大的危機，許多店因為生意冷清而歇業，原因一方面是低價連鎖店增加，另一方面則是去美髮沙龍的人數越來越多。

ZANGIRI 也面臨相同困境，第二代店主大平法正擁有足以在美髮工會競賽奪冠的技術，但顧客人數持續大幅度減少。在這種情況下，大平重新審視理容的定義，並且靈機一動，將自家店的賣點改成「商務人士的能量據點」，舉例來說，免費提供眼鏡清潔、名片掃描、手機充電等服務，悉心款待商務人士。

而且，他還將一般剪髮結合各式額外收費的「開運服務」，例如：臉部清潔、掏耳朵等，並取名為晉升課長套餐、晉升部長套餐、晉升社長套餐、晉升會長套餐等。據說這些服務的加購率超過八成。

當然，優質服務是一切的基礎，但觸動人心的命名也是回頭率高的重要原因。除此之外，ZANGIRI還實施其他增加好運的細緻服務。由於這些服務，ZANGIRI得以擺脫低價競爭，即使將價格訂為遠高於其他理容院的六千日圓，仍然人氣不減，每個月的來客數高達一千人，回頭率達到九成以上。

另一方面，ZANGIRI為了實踐「提供每個顧客同樣高品質服務」的宗旨，刻意取消指定理容師的制度，這在看重技術的理容業界相當少見。當然，ZANGIRI的理容師也為了提升技術而日夜努力，但是對該店來說，技術是理所當然的條件，不需要刻意搬上檯面。

換句話說，ZANGIRI不以技術或價格等理性條件為訴求，而是在開運、升官等動搖人心的戰場上決勝負，這就是它能擁有眾多粉絲，創下壓倒性回客率的主要原因。

案例③　理容院ZANGIRI的「開運服務」

細緻的服務加上吉利的商品名稱，每個月吸引一千人以上的商務人士，而且回頭率高達九成。

借鏡優秀行銷案例，快速躋身「情感式銷售」行列

看完以上案例，如果單純覺得有趣就太可惜。接下來請用相同的思考方式來練習：是否能把上述案例應用於自家公司或其他業種。舉例來說，可以像前文提到的理容室，試著轉換商品的賣點，改為提供適合商務人士的服務，這個想法應該可以應用在各種不同店家。

我們用書店來思考看看。假設店家位於辦公區，定位為商務人士的能量據點，打出標語「全日本成功商務人士最愛去的書店」後，可以想到以下銷售方式：

- 每月選出特定書籍，並組合銷售，例如：晉升課長、部長、社長的套餐等。
- 從報紙、商業雜誌、書籍中，挑出有益於商務人士的資訊。
- 直接到各公司販售商業書籍。
- 提供擦鞋、快速按摩等服務。
- 選出專門解決工作煩惱的書籍，並舉辦展售會。
- 販售有助於升遷的開運錢包、卡夾等商品。

- 製作讓店家生意興隆的名片。
- 提供有利於提升提案成功率的簡報裝訂服務。

接下來，假設自己是居酒屋老闆，店址同樣位於辦公區，定位為商務人士的能量據點，打出標語「全日本成功商務人士最愛去的居酒屋」後，可以想到以下銷售方式：

- 開發名稱吉利的菜單，比方說，在菜名中置入升官、業績達標、提案成功等詞語，或者用鰤魚為食材，象徵升官意義❸。
- 將套餐取名為課長、部長、社長特餐等。
- 提供手機充電等服務。

---

❸在日本江戶時代，武士或學者只要升遷便習慣改名，而鰤魚隨著體型大小的改變，有不同的名字，因此成為筵席上的吉祥食物代表。

- 在菜單、筷袋印上商業名言，並且每天更換。
- 提供慶祝升官、轉職的特餐（本人可享免費）。

各位看到這裡，應該會冒出很多好點子。其實，無論哪個業種，只要打出上述的標語，並且徹底執行，一定可以做出很棒的成果。請各位務必將這套思考方式運用於自家公司或店鋪。

以上舉書店與居酒屋為例，提出實際應用的方法。接下來的章節，我除了大量介紹動搖情感的銷售案例，也會像這樣舉其他業種為例，適當地提供點子。

是否提出「夢想」與「尊榮」？

即使是大企業或連鎖店，只在計算式銷售的擂台上決勝負也相當危險，因為持續運用一成不變的作法，代表原地踏步甚至是倒退。前文曾提過不應該只販售商品本身，如果各位也採取下列販售方式，遲早會覺得走投無路：

因為是汽車公司，所以販售汽車。
因為是家電製造商、量販店，所以販售電器產品。
因為是超市，所以販售食品和日用品。
因為是服飾連鎖店，所以販售服飾。
因為是住宅建商，所以販售住宅。
因為是保險公司，所以販售保險服務。
因為是旅行公司，所以販售旅行行程。

因為是電力公司，所以販售電。
因為是瓦斯公司，所以販售瓦斯。
因為是鐵路或航空公司，所以販售運輸方式。
因為是貨運公司，所以販售運送服務。
因為是零件製造商，所以販售零件。
因為是醫療用品製造商，所以販售醫療用品。
因為是印刷公司，所以販售印刷品。
因為是廣告公司，所以販售廣告提案。
因為是出版社，所以販售出版物。
因為是學校，所以販售教育。

希望各位能參考本書的案例，改變自己原先對於銷售的定義，顛覆計算式銷售的固有印象，逐漸採取情感式銷售，必定能拓展極大的可能性。

案例▼販售夢想與自我實現，是永不退燒的生意

個人式健身房 RIZAP 有個非常有名的廣告，內容是展現健身前後的差異，接下來將透過這個案例來思考銷售上的不同可能性。

近年來，RIZAP 為了廣泛拓展事業領域，以 RIZAP 集團的名號收購各種公司，包括高爾夫球館、英語會話教室、料理教室、服飾店等。這就是改變傳統的銷售定義，從計算式銷售轉換到情感式銷售，進而大幅成長的絕佳範例。RIZAP 集團的董事長瀨戶健曾在各種訪談場合上表示：「RIZAP 提供的不是訓練或減肥的場所，而是自我實現的場域。」

二〇〇三年，瀨戶在網路上販售豆乳餅乾創業，並搭上減重風潮。二〇〇六年，該公司在札幌證券交易所上市。然而，隨著類似商品大量問世，營業額急速下滑，公司面臨經營危機，於是他開始摸索如何展開新事業。

當時，瀨戶剛戒菸、身材急速發福，為了增加減重動力，對員工宣言自己要減重十公斤，並請私人專屬教練指導、努力減重。在減重的過程中，他腦海裡浮現高中時代的女朋友，以及自己協助女友減重的經驗。

瀨戶的前女友身高一百五十二公分，體重接近七十公斤，因為體型豐滿而沒有自信，當時他向女友提議：「我會在旁支持妳，來減重吧！」為此，瀨戶設定諸多目標，像是：「如果穿得下這件泳裝就去海邊」，並且每天打電話鼓勵或讚美她，最後她成功減重二十公斤，不僅因為瘦下來而變漂亮，連行為舉止、說話方式和內容都有極大的改變。（但後來她跟大學生交往，瀨戶就這樣被甩了。）

對瀨戶來說，前女友減重成功讓他切實地感受到：「人可以改變，並能藉由改變閃閃發光。」而且，他充分理解到，如果沒有他人陪伴和鼓勵，人們很難達成目標，許多人會減重失敗，正是因為缺乏全程陪伴、鼓勵自己的人。也就是說，若能建立一個幫助人們自我實現的事業（例如減重），應該很多人會不吝惜花費。

於是，瀨戶將自己與前女友的成功減重經驗作為啟發，透過有科學根據的訓練方法，以及日常生活的觀察，展開新型的商業模式，取名為「兩個月就能看出成果，個別指導型訓練健身房」。不過，對瀨戶來說，訓練健身房只是一種手段，他當時的事業概念是提供自我實現的場域，讓使用者獲得理想體態並找回自信。貫徹這個概念後，**RIZAP** 便開始急速成長。

RIZAP 集團將觸角擴展到各種領域，但始終遵循「證明人可以改變」的中心思想，持續提供使用者自我實現、自我投資的場域，並徹底實踐這個理念。而且，由於人們經常想堅持卻半途而廢，瀨戶發現「三分鐘熱度市場」暗藏許多商機。

人類自我實現的欲望沒有盡頭，不論自己在他人眼中是多麼成功，只要存有成長的決心，就不會滿足於現今的成就。一旦「想要更進步、更優秀」的情感被動搖，理性與計算式觀念將灰飛煙滅，即使必須付出高昂的金額，依然會花錢投資自己。

案例④　RIZAP集團

看中人們期望自我成長的心理，持續提供自我實現的服務和場域。

怎麼融合實體店和網路商場，發揮相乘效果？

對現今的美國人來說，最大的商場已有如自己的家，因為越來越多人透過網路購物來消費，而現今的日本也逐漸有這個傾向。即使公司的主要業務是網路銷售，如果只用販售物品的觀點做生意，應該很快就會走到盡頭，因為在電子商務的戰場中，已經有亞馬遜（Amazon）這樣的巨人，無論你的公司規模多麼大，如果想在價格和速度上競爭，可說是毫無勝算。而且，即使你販售的商品一開始沒有競爭對手，看似一片充滿商機的藍海，一旦出現類似商品，可能轉眼之間就變成消費品❹。

過去因為物資不足，只思考價格和品質等數字或許行得通，但在物資氾濫的現代，應該更重視如何動搖顧客情感，使他們成為粉絲。不管主戰場是實體或網路商店，都要思考兩種通路的相乘效果，以及今後該如何銷售。不過，我的意思不是鼓吹多拓展通路，朝全通路（Omni-Channel）發展，而是在實體店和網路商店都盡量動搖人心。

舉例來說，人們接觸某個企業網站，受到感動而成為粉絲後，會想前往實體店；反過來說，在實體店體驗且被打動後，會想在網路商店購買。如今，這樣的情感式融合變得相當必要，但怎麼做才能將商品帶上情感式銷售的擂台？

必學「七大情感銷售法」，你也能像賈伯斯一樣虐粉

我在收集並分類動搖情感（emotion）的銷售案例時，決定用英文 emotion 的前兩個音節，將這樣的銷售方式命名為「七大情感銷售法❺」。實踐以下方法，就是擺脫只關注商品的第一步：

①銷售「體驗」（Experience）

②銷售「心動」（Moved）

③銷售「世界觀」（Outlook on the world）

❹ Commodities，商品或服務變得大眾化、替代性極高，由誰生產或販售都沒有太大區別。

❺ 原文為「エモ売り7」，「エモ」（emo）取自於英文 emotion 的「emo」。

④銷售「共創、協創」（Together）
⑤銷售「曬ＩＧ」（Instagenic）
⑥銷售「唯獨這裡有」（Only one）
⑦銷售「懷舊」（Nostalgia）

第一章開始，我將根據這七個分類徹底介紹情感式銷售的案例，告訴各位為什麼應該讓情感凌駕於計算之上。而且，我會在書中套用其他業種的例子，以供參考。接下來，我們先從銷售體驗的案例開始看起。

重點整理

- 商品會熱賣的原因不是價格、CP值等理性層面的因素，而是成功動搖人心。
- 計算式消費指的是重視理性的消費，情感式消費是以感情作為依據，即使價格偏貴，也會產生購物衝動。
- 如果只專注於商品或服務本身，消費者一旦發現更好、更便宜的商品或服務，便會輕易投奔其他店家。
- 抓準人們想更上一層樓的心理，可以為商品取個吉利的名字，或是主打自我實現，都能觸動顧客的心。
- 人們被網站打動後，會想前往實體店；在實體店體驗後受到感動，也會想在網路上購買。

編輯部整理

對某些人來說，體驗型商品或許難以產生購買欲望，但如果由他人致贈，就會覺得很開心。用體驗取代實體禮物的構想真的很不錯！

第 1 章

把顧客的心聲，放入銷售「體驗」中

「我好想跟他見面，就算拍個照也甘心！」

七大情感銷售法的第一個是「銷售體驗」，雖然這四個字看似簡單，其實背後藏有多元的手法。本書將這些手法大略分成以下三種，並依序介紹案例：

1. 將體驗本身當作商品。
2. 將體驗當作和商品產生連結的橋樑。
3. 將體驗當作商品的附加價值。

這些手法看起來相似，其實各有不同奧妙，請各位閱讀本章時，發掘最適合自家公司或店鋪的手法。那麼，我們先從第一個手法開始，也就是將體驗本身當作商品。

年和電通AD-GEAR、枻出版社等公司合作，設立Priceless Cultural Experiences in Japan網站，販售為海外富豪企劃的在日旅行體驗。

案例⑥ 旅遊平台網站Voyagin
提供當地居民策劃的獨特行程，讓旅人體驗當地日常生活。

案例▼這年頭送禮品不稀奇，致贈體驗令人印象更深刻

除了旅行、觀光等服務之外，如今有越來越多公司提供各式體驗型商品。總公司

❻ 大阪以粉食文化聞名，其著名的大阪燒、章魚燒等皆是粉食的代表。

位於東京涉谷的SOW EXPERIENCE，就是專門提供「體驗型禮物型錄」的公司。

生活中不乏需要送禮的場合，像是結婚、生產、入學、就職等，或是生日、聖誕節、母親節、父親節等。不過，禮物不一定要是實體物品，還可以選擇致贈體驗。SOW EXPERIENCE提供五花八門的體驗，除了有用餐、護膚、遊輪旅遊、溫泉、運動、戶外活動等一般體驗，還有時尚穿搭、家事服務、基因篩檢、健康檢查、農業活動等特殊體驗。

對某些人來說，體驗型商品或許難以產生購買欲望，但如果由他人致贈，就會覺得很開心。用體驗取代實體禮物的構想真的很不錯！請各位想想看，自家公司和店鋪可以讓顧客體驗哪些事物，其中有沒有能作為禮物的體驗呢？

案例⑦ 體驗型禮物型錄公司 SOW EXPERIENCE

透過種類多元的體驗型商品，為使用者提供新興的送禮選擇。

案例▼人們對其他職業的好奇，也可以促成一門好生意

你滿意現在的工作嗎？是否想像過自己從事其他工作的模樣？還是想體驗其他工作，並將從中獲得的經驗，活用於現在的工作？針對有以上想法的人們，工作旅行社透過「工作旅行」網站，提供使用者體驗其他職業的服務。

工作旅行社創立於二〇一一年，總公司位在東京港區，網站的主要內容是「一日職業體驗」，參加者得以深入平時僅相關人士能進入的職場內部。該網站有許多受歡迎的行程可供選擇，像是「參訪職場第一線」、「和專業人士交流」、「體會該工作的妙趣」等。

在工作旅行的網站上，大多都是以一日為單位來販售體驗行程，可選擇的職業包括：婚禮企劃人、日語教師、調酒師、蕎麥麵師傅、海豚訓練師、手工書職人、作詞人、《食鮮限時批》資訊雜誌總編輯、寺廟住持、一日見習神社神職人員、花店店員、盆栽店店員、瀨戶內海的島嶼農人、結婚諮詢公司顧問、咖啡煎焙工房專家、偵探等等。

正在讀本書的你，應該會想體驗看看其中一項職業。大約十年前，我在某本書上

談論 KidZania❼時，曾說：「如果有大人版的 KidZania 就好了。」如今工作旅行網站提供的服務，為我們實現這個夢想！

請各位思考看看，在自家公司或店鋪裡，是否存在他人想體驗看看的工作？那項工作要標價多少才會熱賣呢？

案例⑧ 工作旅行社

提供各種職業的一日體驗活動，讓參加者得以深入職場內部，感受有別於當前工作的新鮮感，或是藉此找到心儀的工作。

❼ 兒童職業體驗公司，類似台灣的 BabyBoss。

「我好想變漂亮，這樣化妝真是厲害！」

接下來，我們討論銷售體驗的第二種手法，也就是將體驗當作和商品產生連結的橋樑。

案例▼為何那位化妝品店員，擁有大批女高中生粉絲？

說起目前最受女高中生喜愛的人氣化妝品牌，一定會提到ETUDE HOUSE。這是韓國大型化妝品製造商「愛茉莉太平洋」（AMORE PACIFIC）旗下的品牌之一，店鋪裝潢以粉紅色為基調，日本的分店數量正在持續增加中。

在ETUDE HOUSE的分店當中，東京原宿的竹下通分店可說是超人氣，假日甚至有一千位以上的顧客上門，箇中秘密在於前田禮實這位店員，由於她手把手教導女高中生基礎化妝技巧，因此深受信賴。

前田生於伊豆群島的神津島，從小就對化妝抱有強烈憧憬，據說高中時的最大樂趣，就是每個月搭船到東京的藥妝店購買化妝品。某次前田到東京看樂團演唱會時，徹底愛上韓國流行音樂，之後以此為契機，經常到首爾旅遊。

在韓國旅行時，ETUDE HOUSE的店鋪令前田印象相當深刻，那些閃亮又可愛的化妝品與日本品牌的形象截然不同，深深觸動她的心弦。回到日本後，碰巧該品牌在日本展店，於是她決定應徵店員，並且成功錄取。

一開始前田被分派到橫濱分店，之後調動到原宿分店，由於客群不同，她有段時間不知道該如何與顧客互動。原宿店的顧客多半為女高中生，而且是化妝初學者，她們不確定該買什麼，卻十分迴避店員的接待。前田從那些女孩身上看見過去的自己，不禁暗想：「如果以前有人能溫柔、仔細地指導我，化妝技巧一定可以更好……。」

從此之後，前田就像鄰家大姊姊一樣認真對待那些女孩。她先仔細觀察帶著緊張心情走進店鋪的女孩，再根據她們的視線和動作，推測可能在尋找的商品，最後看準時機搭話：「要不要試用一下這個呢？」

當女孩們的緊張情緒緩和下來，前田才進行化妝教學，傳授如何只用一點小訣竅，就產生明顯的變化。在她的耐心教導下，女孩們變得越來越會化妝，而前田則把她們的進步當作自己的事情一樣，為她們感到開心。甚至有很多女孩為了見前田一面，多次造訪原宿分店。

換句話說，前田為化妝初學者的女高中生提供化妝體驗，並以此當作橋樑，幫ETUDE HOUSE和自己都增加粉絲。

案例⑨ ETUDE HOUSE的店員前田禮實

前田透過教導女高中生化妝技巧，為公司與所屬分店培養粉絲，進而提高化妝品的銷售量。

案例▼鋼筆店設立「高級試寫區」，大幅提升銷售量

各位有使用鋼筆的習慣嗎？在日本昭和時代（西元一九二六年至一九八八年），

每個成人都至少有一支鋼筆，但現代使用鋼筆的人不多。

PEN'S ALLEY Takeuchi 位於愛知縣岡崎市，前身是創立於西元一九三〇年的竹內文具店，經過二〇一四年改裝與遷移之後，成為如今的 PEN'S ALLEY Takeuchi。店鋪的文具品項豐富，最令人眼睛一亮的是二樓的鋼筆區。

鋼筆區平時陳列超過一千支鋼筆，其中甚至有高達一百萬日圓的高級品。此外，供顧客試寫的區域也相當講究，由於站著寫和坐著寫的重心不同，店面特別設置古董風格的桌椅，讓顧客得以悠閒地坐著試寫。因為有這個舒適的空間，燃起許多人試用鋼筆的渴望，不少人因而開啟與店員的對話，最後掏錢購買。

PEN'S ALLEY Takeuchi 的特色不僅如此，由於長期舉辦課程講座，吸引許多穩定常客，其中「鋼筆初學者講座」更是持續多年。這個講座由竹內幸代老太太、店長大河內麻紀等人擔任講師，學員得以邊組裝透明鋼筆，邊理解構造和原理。參與講座後可以充分瞭解到，鋼筆外觀看似簡單，其實結構相當複雜。

竹內文具店的主要業務原本是批發，並沒有投注太多心力於一般零售。然而，九〇年代後半開始，文具業界經歷大震盪，竹內文具店在一九九六年陷入谷底，不論是顧客數還是營業額都大量減少，經營狀況持續惡化。

在險峻的狀況下，當時的店主竹內展開全日本文具店的視察之旅，發現日本人喜歡筆記用具，而且販售的文具越高級，越能充分利用待客方式來大幅改變營業額。於是，竹內決定改變營業方針，致力於銷售以鋼筆為主的高級文具。之後，竹內與店長更以鋼筆初學者講座為首，舉辦一系列相關活動。

PEN'S ALLEY Takeuchi 正是採取銷售體驗的第二種手法，將試用鋼筆當作橋樑，讓高級鋼筆熱銷。如今，這家店每年都會賣出超過一千支鋼筆，也有許多遠道而來的顧客。從竹內文具店到 PEN'S ALLEY Takeuchi，店鋪經歷低潮與轉型，竹內對此表示：「並不是只要讓顧客體驗，就能輕易把東西賣出去，事情沒有這麼簡單。徹底執行深思熟慮後的對策，才會熱銷。」

回到鋼筆初學者講座的話題。講座的尾聲，講師會給學員兩張明信片，請他們用組裝好的鋼筆寫上自己的收件人姓名。其中一張當作獎狀的寄件資訊，另一張則讓學員寫下當時想法。這個流程不僅能讓人品嘗收信的喜悅，也會想起講座相關體驗。

PEN'S ALLEY Takeuchi 除了開設講座，也舉辦各式各樣的活動，像是「鋼筆診療所」與「優美文字診所」。前者委託製造商派出「筆醫生」，為狀況不好的鋼筆免費看診，後者則是由硬筆習字研究會的老師給予建議，教導學員如何寫一手好字。

此外，店裡還累積七十本以上的「筆日記」，也就是顧客購買記錄，其中記載顧客選購鋼筆時的心境，像是「為什麼要買某種筆」等。當同個顧客再次上門時，店員可以透過筆日記和對方相談甚歡。PEN'S ALLEY Takeuchi 的案例就是讓顧客持續累積鋼筆體驗，讓他們一直想在同個地方買鋼筆。

案例⑩ 鋼筆店 PEN'S ALLEY Takeuchi

打造舒適的鋼筆試寫區，舉辦鋼筆初學者講座等活動，讓顧客留下絕佳印象，進而燃起購買欲望。

案例▼看準女性喜歡手作，工具行用ＤＩＹ課程拓展客群

大都股份有限公司的總公司位於大阪生野，主要業務是在網路上販售ＤＩＹ用

品，但從二〇一四年起，開始拓展實體店DIY FACTORY，提供各式各樣的ＤＩＹ工具用品。

DIY FACTORY一號店在大阪難波的南海電車高架橋下，二號店則位於東京二子玉川的RISE Shopping Center Terrace Market。在這些店鋪當中，DIY FACTORY最重視的不是當日營業額，而是讓顧客體驗ＤＩＹ活動。

當我造訪二子玉川分店時，光從裝潢實在難以想像是工具店，反而像雜貨店。雖然店內販售工具、木材、塗料等商品，但和家居園藝零售賣場❽又相當不同，差別在於店鋪正中央有個大型的作業空間，讓顧客能在現場充分試用工具和塗料，覺得可以接受後再購買。

而且，DIY FACTORY幾乎每天都舉辦數場體驗課程或工作坊，除了基本課程之外，還有進階及實用講座，例如：

❽家居園藝零售賣場主要販售日用雜貨、住宅設備相關商品。英國最大的家庭及園藝用品連鎖店「Ｂ＆Ｑ」，就屬於家居園藝零售賣場。

- 電動工具基本課（鑽頭、打磨機、電鋸的使用方法）
- 木材塗裝基本課（如何運用顏料、塗色、上蠟，以及調整底層材料）
- 自由自在打造房間風格的壁紙貼法
- 用磁磚面板製作成熟可愛的三層廚房置物架
- 把手是重點！製作桌上置物盒
- 愜意偷閒的咖啡桌

工作坊的講師由大都公司員工擔任，課程大約一到兩個小時，基本上可以空手參加，不需要帶任何東西。另外，課程費用基本上幾千日圓不等，可以利用網路預約等方式輕鬆報名，據說八成左右的參加者都是女性。

大都公司創立於西元一九三七年，原本從事工具批發業。現任社長山田岳人本來就職於一般企業，但和前任社長的獨生女結婚後，便辭去工作繼承公司。

在與前輩學習的過程中，山田內心不斷有聲音告訴自己：「如果就這樣持續做批發業，公司不會有未來。」當時，大都的客戶多半為家居園藝零售業者，公司雖然一心一意地提供優質商品與服務，但時常被捲入削價競爭，交易條件相當嚴苛。

在如此惡劣的情況下，山田想到成立電子商務網站這條路。由於當時在網路上販售工具的商家不多，他認為如果使用網路，或許可以一較高下。於是，大都公司在二〇〇二年於樂天網路市場開店。

然而，光靠網路販售無法彌補批發業日漸惡化的收益。二〇〇六年，公司再次面臨歇業危機，山田和前任社長經過一番論戰後，決意退出批發業界，並且做出痛苦的決定——將十五名員工全數解僱。

從此以後，大都公司致力於電子商務，儘管多次面臨經營危機，仍藉由增加商品數量的方式，勉強度過難關。但從二〇一三年開始，營業額又再度惡化。

山田心想：「今後會有其他競爭公司崛起，如果只把焦點放在賣東西絕對行不通。DIY文化在日本尚未扎根，若沒有向大眾傳遞工具的使用方法和手作樂趣，讓DIY的風氣在日本擴散開來，大都公司就沒有未來。」

經過深思熟慮後，山田試著推出體驗型實體店，先讓顧客親自體驗手作DIY的樂趣，接著向顧客傳達理念：「即使在自己家，也能再現這些好玩的東西！」山田認為，只要增加DIY初學者的人數，無論是實體店還是網路商店，一定能持續創造亮眼的營業額。

實際上，大都公司在難波、二子玉川這兩個地方開設店鋪後，不僅讓未接觸過工具的客群，瞭解到ＤＩＹ的樂趣，網路上的營業額也不斷提升。

案例⑪ ＤＩＹ工具用品店 DIY FACTORY

為了讓更多人對ＤＩＹ感興趣，舉辦體驗課程和工作坊，不僅提升網路商店和實體店的業績，也拓展客群的性別與年齡層。

案例▼自行車行讓顧客享受頂級體驗，再降價勾起欲望

自行車專賣店「Sneecle 東京」位於東京中目黑，品牌理念為「就像穿上運動鞋一樣享受自行車的時尚感」，最受歡迎的服務是「Sneecle 長時間分時」（Sneecle Long Timeshare），也就是月費制的租賃週期服務。

這項服務的概念是：每個月至少支付三千四百八十日圓，便能租用嶄新且平均要價二十萬日圓的高級自行車，而且九十天後可以更換車款。對顧客來說，不僅能輕鬆試乘高級自行車，又不必像短期租賃自行車逐一歸還，而是可以事先租用，並把它當作自己的物品對待，因此大受好評。

負責這項服務的是加盟連鎖事業 Chari Company，總公司位於埼玉縣，主要業務為收購、販賣中古自行車。實際上，「Sneecle 長時間分時」這項服務幾乎沒有賺錢，真正目的是讓顧客租賃並體驗高級自行車，進而產生興趣。

而且，自從 Sneecle 東京開始提供這項服務，中古車銷售業績便隨之大幅提升。此外，公司會定期低價出售租賃的車款，讓顧客以划算的價格購買，這一點也深具魅力牢牢抓住顧客的心。

從這個案例可發現，Sneecle 東京將「高級自行車租賃體驗」當作媒介，和商品產生連結，進而提升銷售數字。

到目前為止，我們看過好幾個案例，都是將體驗當作與商品產生連結的橋樑，這個手法可說是販售體驗的王道，只是無法馬上看出成果。因此，最重要的是把眼光放遠，並持續執行。

請各位思考看看，公司或店鋪能提供什麼與商品連結的服務？接下來，我介紹販售體驗的第三種手法，也就是將體驗當作商品的附加價值。

案例⑫　自行車專賣店「Sneecle 東京」

Sneecle 東京提供月費制的租賃服務，先讓顧客體驗高級自行車，之後再用低價吸引他們購買二手自行車。

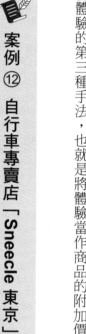

「我覺得它好特別，就是跟別人不一樣！」

案例▼英語教室打造仿真空間，讓學習不侷限於課本

正在閱讀本書的讀者當中，應該有不少人曾經參加英語會話教室，但是很少人因此能說得一口流利英語。

為了讓學員身歷其境，能自然地開口說英語，總公司位於東京新宿的四谷學院（Brain Bank），將體驗當作英語會話的附加價值，於是備受矚目。四谷學院最大的特色，就是營運「55階段英語村」，在學校設置仿真的空間或設施，包括機場、醫院診療室、珠寶店、漢堡店、熟食店、客廳等。

四谷學院認為，學員在擬真環境下和外國講師溝通，可以靈活地運用五感，自然而然地理解並掌握英語。不過，如果想知道實際效果如何，必須親自嘗試才會知道。

但相較於其他英語會話學校，四谷學院的確會讓人產生「應該可以學會」的心情。

坊間有許多提供英語會話教學的公司，四谷學院在充滿競爭對手的商品上加諸「真實空間」的附加價值，才能產生獨特性，進而獲得成功。

案例⑬ 英語會話教室「四谷學院」

設置仿真的空間或設施，讓學員產生「應該可以學會」的想法。

案例▼客運引進「變美座椅」，打破廉價的刻板印象

各位出差時都使用什麼交通工具呢？如果是上班族，多半會搭乘火車或飛機，應該不太會選擇搭乘國道客運。許多人在學生時代會搭客運，但如今實在已經厭倦。日本社會普遍認為國道客運是低廉的交通工具，但現今有些客運公司因為增添附加價值

而大受歡迎，讓搭乘客運不只是為了移動。

其中，客運公司 WILLER EXPRESS（總公司位於東京江東）在座椅增添「讓移動變舒適」的附加價值，大受女性顧客好評。舉例來說，「變美座椅」（Beauté）的賣點是睡覺就能變美，座椅裝有內建恆溫裝置的小腿墊、滾輪式按摩器、負離子空氣清淨機等設備。對於下肢冰冷、經常水腫的女性而言，簡直是一大福音。

「繭座椅」（Cocoon）則是貝殼型的兩排式座椅，儘管是在客運內，仍能保有私人空間，而且每個座位搭載私人螢幕，乘客得以觀看電視、電影，或是收聽音樂和有聲書。「放鬆座椅」（Relax）的特徵是在座椅附上遮光罩，實現女性「不想被人看見睡臉」的心聲，在客運上放鬆入眠。

「重生座椅」（Reborn）則一掃搭乘客運後的狼狽印象，提供「移動等於休息」的嶄新價值。座椅經過反覆研究設計而成，搭載電動搖籃式椅背，最多可傾斜一百五十六度，而且座椅還附上小腿墊和足部墊，讓乘客可以用接近平躺的姿勢，舒服地進入夢鄉。

請各位思考看看，在交通工具上附加什麼體驗或價值，會讓你想實際體驗呢？

案例⑭ 客運公司 WILLER EXPRESS

提供「變美座椅」、「放鬆座椅」、「重生座椅」等特殊座椅，讓旅客長時間通勤時也能確實放鬆，一掃客運等於低廉交通工作的印象。

案例▼飯店如何抓住一個特點，與同業拉開距離？

到外地出差難免要在飯店過夜，不過許多人只要枕頭、寢具不一樣，就會睡不著。隸屬於阪急阪神第一酒店集團的雷姆（Remm）飯店，便將「讓房客擁有更佳睡眠」的概念具體化。

因此，在雷姆飯店中，房間的設計概念並非客房而是寢室，除了有高品質的原創床墊、蓮蓬頭、按摩椅，就連盥洗用品、房間香味也很講究，一切都是為了滿足房客的五感，讓他們擁有「雷姆體驗」。

根據我實際入住的經驗，確實從踏進飯店的瞬間，意識就朝著睡眠而去，甚至產生「睡覺時間到了」的感受，讓我覺得相當新鮮。

當我們聚焦於如何在飯店度過美好時光，並經過徹底思考後，說不定就能找到吸引人的附加價值，進而變成商品的賣點。我們一起動腦思考看看，假如你是飯店的經營者，除了睡眠之外，還可以增添什麼附加價值？

假設**讓「入浴」變成附加價值如何呢**？大阪JR福島站前的「大阪阪神酒店」，雖然位於大都市正中心，卻因為挖到地下泉源，而得以將天然溫泉引進所有客房的浴室，只要打開水龍頭就會流出溫泉。對溫泉愛好者來說，這是個令人振奮的消息。

不過，想讓入浴變成飯店的附加價值，必須引進設備，因此難以模仿。如果只靠裝潢浴室，把空間變得寬闊、豪華，或是裝上按摩浴缸、提升入浴劑品質，可能無法走出獨一無二的路線。

那麼，**將看電影變成住宿的附加價值，設計為「電影飯店」**又如何呢？可以在房間裡準備超大螢幕的電視、高級音響系統和沙發，讓房客在飯店裡毫不拘束地欣賞電影。如果真的有這種飯店，我還真想住住看。

另外，有的飯店將**「客房以外的設備」變成附加價值**。北海道函館的 La Vista 函館灣酒店擁有出色的客房和溫泉，但最大賣點是「日本第一的早餐」。我以前曾被這句文案吸引，而下榻這家飯店。

La Vista 函館灣酒店的早餐有海量的佳餚，房客得以在自助式海鮮丼專區無限量取用鮭魚卵，讓人從一早就情緒亢奮，絲毫不愧於「日本第一」的頭銜。

實際上，不只是早餐，只要能加上日本第一的附加價值，應該能打動很多人，燃起想住宿的欲望。

請各位務必想想看，在自家公司或店鋪中，可以把什麼體驗變成附加價值，進而創造好業績？當然，這個想法也可以應用在形形色色的業種，像是超市、藥妝店、家電量販店、汽車經銷公司、餐飲店、服飾店、書店、醫院等。

案例⑮ 雷姆飯店

將飯店賣點設定為「睡眠」，以此為基礎在寢具與設備上有所講究。

案例⑯ 大阪阪神酒店

將酒店賣點設定為「溫泉」，在所有客房的浴室引進天然溫泉，吸引愛好溫泉的房客。

案例⑰ La Vista 函館灣酒店

將酒店賣點設定為「早餐」，自助專區可以無限量取用海鮮，讓喜歡美食的人慕名而來。

案例▼在計程車身上加哪個符號，能讓人忍不住攔車

接下來介紹位於京都下京的彌榮計程車，公司因為商標符號是三片葉子的幸運草，被稱作「三葉計程車」。

三葉計程車在京都可說是無人不知、無人不曉，原因就在於車身上的幸運草符號。該公司約有一千四百輛營業用車，其中只有四輛計程車印有四葉幸運草，別說實際攔車搭乘，聽說只要看見便可以讓幸運降臨。

為什麼三葉計程車會導入四葉計程車呢？據說靈感來自於乘客的一句話：「當落葉剛好掉落在三片葉子的符號旁邊，看起來就像四葉幸運草！」

順帶一提，四葉計程車無法預約，只能現場攔車，所以在路上遇到的機率很低，更增添一層神秘色彩。不僅如此，搭上車後可以拿到紀念乘車證，增加稀奇度。

理性思考後會發現，三葉和四葉計程車都一樣是計程車，但是增加名為「幸運」的附加價值後，讓人一看就被打動，甚至想拍照上傳到社群網站。說得更精確一點，正是因為那四輛四葉計程車的存在，提高彌榮計程車的整體價值。

案例⑱ 彌榮計程車的「四葉計程車」

公司在一千四百輛營業用車中，導入四輛車身印有「四葉幸運草」的計程車，增加「幸運」的附加價值，令人想拍照上傳社群網站。

第 **2** 章

把顧客的需求，
化成「心動」文字和影片

「我就是為那個標題買的，因為激起我的好奇！」

七大情感銷售法的第二個是「銷售心動」。心動指的是感動、感激、深受打動、情緒激動、讓人變得想要支持、產生幹勁和熱情、情緒動搖等意思。

實際上，只要運用特定方法讓顧客感到心動，他們便會情不自禁買下來。究竟人類是怎麼因心動而變得想購買？又會在什麼時候心動？本章將聚焦於以下三種令人心動的銷售方式，並且介紹相關案例。

1. 銷售「心動的語言」
2. 由賣家主動搭話的「線上銷售」
3. 由賣家主動搭話的「實體銷售」

首先，我們一起看看該如何銷售心動的語言。

案例▼讓顧客快速記住你的方法，就是自創吸引人的頭銜

說起福岡名產，腦海第一個浮現的不外乎豚骨拉麵、內臟鍋、水炊鍋、明太子等美食。但是，我之前到福岡出差時，和當地人聊起福岡美食，對方向我強力推薦「極味屋」，它是位於天神福岡 PARCO 百貨公司的漢堡排店。那位當地人斷言：「它的美食是改變漢堡排概念的漢堡排。簡直就是『福岡至寶』！」

如果是平時的我，應該不會想在福岡吃漢堡排，不過「至寶」這兩個字深深吸引著我，令人相當心動。一般來說，很少人會用至寶來形容食物，這個詞大多用於比喻貴重的文化財，或是優秀的運動選手。

由於當地人大力推薦，我突然很想一探究竟，上網搜尋後發現，極味屋總是大排長龍。該店的營業時間從中午十一點開始，如果沒有在 PARCO 十點開門時前往排隊，很可能進不去。排隊當然不是我的興趣，但是為了福岡至寶也沒辦法，於是我隔天早上十點多就抵達現場，發現已經有二十幾個人在排隊。在我的印象中，亞裔的外國觀光客相當多。

開店前，店員拿著好幾種語言的菜單，依序協助點餐，而且似乎瞄一眼顧客的

臉，就知道對方來自哪個國家，然後正確無誤地遞出該語言的菜單。排在我前面的情侶拿到韓文菜單，我則拿到日文菜單，順利地在營業時間走進店裡。

追根究柢，打動我的是強力推薦的當地人，以及「福岡至寶」這個詞語，甚至讓我提早去排隊，可見得言語的力量真的很強大。

案例⑳ 漢堡排店「極味屋」

為公司或店鋪取一個強而有力的頭銜，運用言語的力量打動顧客。

案例▼如何用一句文案，就賣掉一萬三千顆廢棄高麗菜？

假設你認識一位高麗菜農，他告訴你必須丟棄一萬顆高麗菜，儘管它們吃起來完全沒有問題，但因為外型不符合標準而被淘汰，這時候你會有什麼想法？你應該會心想：「好可惜呀！真的無計可施嗎？」

二〇一六年十月，藝北大象先生咖啡（位於廣島北廣島町藝北地區）的老闆植田紘榮志聽說附近農家必須丟棄一萬三千顆高麗菜時，也一心想著該如何挽救。

藝北地區是標高七百公尺的高冷地，位於廣島和島根的縣境，由於冷熱溫差劇烈，栽種出的高麗菜非常美味。然而，二〇一六年夏天，藝北地區持續下雨，部分高麗菜的外觀未達標準，導致所有高麗菜都被視為不合格，無法在市面上販售。

植田心想：「有沒有能善加利用這些高麗菜的方法，讓它們不被丟棄呢？」然而，光是收成、搬運這些高達一萬三千顆的高麗菜，就要耗費一番苦工。

後來，植田經由朋友介紹，認識在廣島經營燒肉店的山根。大家都說山根的人脈很廣，而植田也是在和他談話時，想到解決廢棄高麗菜的辦法。浮現這個靈感的關鍵是山根的一席話：「昨晚，我老婆用蠟筆畫了高麗菜在哭的圖上傳到臉書，又用文字描述高麗菜要被丟掉的事，結果得到極大迴響，好多人說要去藝北採高麗菜！」

植田聽到「採高麗菜」這個關鍵字，突然靈光乍現：「如果讓大家來採高麗菜，就能節省當地採收人力，對於難得到藝北的人來說，還能順便旅遊觀光。」

換個角度來看，當時的危機是絕佳機會，可以讓更多人知道這塊土地上的蔬菜多麼好吃。於是，植田決定只收一千日圓的參加費，豪邁地讓遊客塞滿一整車高麗菜，營造出超大份量的爽快感。如果採收五十顆高麗菜，等於每顆只要二十日圓！

支付這些參加費給農家，多少可以增加一些收益。而且，這個活動對植田也有好處，可以吸引參加者順道去大象先生咖啡。於是，採高麗菜的活動就此展開，文案為：「高麗菜採到飽，讓你塞滿一整車，參加費只要一千日圓！」

當時受到大雨影響的不只藝北地區，許多地方的高麗菜也被迫丟棄，因此市面上的菜價瘋狂飆漲。在廣島市內，一顆高麗菜要價六百日圓也不稀奇，使得必須大量使用高麗菜的廣島燒店家哀鴻遍野。

在這個非常時期，由於「高麗菜採到飽，讓你塞滿一整車，參加費只要一千日圓！」的吸睛文案，當植田在臉書上宣佈這項活動，瞬間湧入許多人報名，而且報名的不只有廣島當地人，甚至有人從奈良、岡山、島根等地遠道而來。那幾天，許多人帶著工具到藝北，原本面臨廢棄命運的一萬三千顆高麗菜，兩週就採收一空。

幾乎所有參加者都是初次體驗採高麗菜，看起來相當開心，而且很高興能品嘗到藝北的美味高麗菜。對農家來說，不但不必丟棄費盡辛勞、拚命種出的高麗菜，還無須支付採收費用，甚至能收到參加費，簡直是喜事連連。此外，植田的咖啡店也因此生意興隆，據說還有人再次前來旅遊，帶動藝北地區的住宿設施。

原本面臨廢棄命運的高麗菜，光靠一個銷售點子和文案，便打動許多人的心，超越「三方好、四方好❾」的境界，得到皆大歡喜的結局。

案例㉑ 藝北地區的廢棄高麗菜

只要想出打動人心的文案，再搭配散播力強大的社群網站，即使是廢棄的高麗菜，也能吸引人們在兩週內採摘一空。

❾「三方好」是日本商人伊藤忠兵衛提出的經商心得，意指「賣家好、買家好、社會好」。許多企業奉行三方好的觀念，希望經營出讓第四方（神明）也認可的事業，也就是「四方好」。

人力不足的農家，怎麼靠文字力讓志工蜂擁而至？

藝北高麗菜的例子深具啟發性，許多被視為勞動的事物，對他人來說則是特別的體驗，甚至願意掏錢購買。舉例來說，採收農產品對農家來說是苦工，但對有些人而言是娛樂。也就是說，某些人認為勞動或麻煩的事，卻可能是其他人的消遣活動。

另外，我想強調言語的力量。我們想想看，是否能將藝北高麗菜的案例用在其他地方。舉例來說，大多農家認為採收柑橘類水果相當辛苦，而且經常人手不足，因此愛媛、和歌山等盛產柑橘的地方，都會在採收期募集工讀生或志工。

我們可以改變構想，將採收體驗和水果組合販售，原本必須支付薪資請人幫忙，轉為讓人付錢體驗、購買商品，這麼做還能讓顧客變粉絲，長期給予支持。此外，即使目的都是想募集顧客，換個角度便產生不同靈感，可以用以下觀點思考，例如：「改變人生的採橘子體驗」、「學習學校沒教的事！」、「透過採橘子減肥！」、「快救救橘農」、「橘子採收大學開張」、「橘子採收聯誼」等。

請各位思考看看，公司或店鋪是否能將自己的工作和商品組合販售？又要以什麼樣的角度切入呢？

拿掉直播的「及時」和「營利」元素，還能如何獲利？

那麼，如何將直播商務應用在小型公司和店鋪呢？當然，可以選擇加入直播平台，藉此增加銷售額。不過，光是讓世人看到自家商品就非常不容易，有時候明明賣不出去，卻不得不繼續直播商務，真的令人感到心力交瘁。

既然如此，何不先把直播、商業等要素放到一邊，一股腦地發佈介紹自家商品的影片，並且像寫日記一樣每天持續上傳？各位可能會心想：「這麼做又有誰會看呢？可以達到什麼效果？」實際上，有家公司就持續發佈介紹商品的影片，結果創造出豐碩的成果。

它是位於京都南區的小型知名企業 CastaNet，主要販售文具、辦公室機器、工具、防災用品等品項多元的商品。順帶一提，我曾在《為什麼超級業務員都想學故事銷售》中，詳細介紹 CastaNet 社長植木力的事蹟。由於他熱心從事社會公益，該公司成為擁有許多故事的人氣企業，經過多年後，更致力於普及防災用品及發佈影片。

雖然 CastaNet 提供辦公室所需的各種商品，但在一般人心中仍然只是販售低廉文具的公司，而且這個印象深植人心，一直難以抹去。植木心想，如果能用影片介紹獨特商品的資訊，讓人們覺得：「原來 CastaNet 還有賣這種東西」，商品的多元性會更為人所知。

然而，將影片外包給廠商需要經費，如果在公司內部製作，則必須有專業人士和相關技能。更何況，當時公司投注許多資源於防災用品的新事業「sonael.com」，沒有餘力製作影片。

二〇一六年六月，植木遇到 Hurray3 的社長石田貢，該公司是開發、銷售影片模組的新創企業。使用者可以從專業人士製作的大量模組中，選出一個最喜歡或符合品牌形象的，再用手機攝影，無須編輯程序就能完成高品質影片，而且費用合理。植木看了相當滿意，當場就與石田簽下合約。

之後，植木告訴員工，公司將從八月一日起發佈介紹商品的影片。沒想到話一出口，馬上遭到全體員工否決，反對聲浪一個接一個出現，像是：「社長，這絕對不可行，拍攝影片不像照片那麼容易！」、「如果被負面留言灌爆怎麼辦？」

面對員工的反對，植木回答：「如果有客訴，就由我來道歉，請各位用會被罵爆的高頻率上傳影片吧！」員工或許是看到社長如此堅定的意志，從此之後再也沒出現反對意見。

案例▼每天持續上傳無趣的影片，竟讓訂單如雪片飛來

就這樣，CastaNet 開始發佈介紹商品的影片，而且盡可能每天上傳。儘管費盡心力製作，觀看人次卻非常少，也沒有回饋，可說是遭遇許多挫折和失敗。而且，發生許多次影片失誤的問題，員工開始搞不清楚自己的本業到底是什麼。

雖然剛開始發佈影片時，沒達到什麼效果，但自從上傳超過一百支影片後，公司內部氣氛開始轉變。員工除了專業技能明顯進步之外，由於必須用影片介紹商品，也更瞭解自家公司的商品。

此外，上傳影片到各個社群網站時，必須考慮不同網站的字數限制，並在有限時間內拚命思考該如何吸引顧客，於是寫作能力隨之提升。在此同時，因為經常回覆使用者留言，網路溝通能力也變得更好。

漸漸地，原本沒沒無聞的影片開始有以下這類留言：「每天上傳影片很辛苦吧？你們一定很努力！」、「我每天都看你們的影片！我會支持你們。」當員工看到這些振奮人心的回饋，動力也顯著地提升。而且，CastaNet 並非盲目地發佈影片，而是費心做了兩件事：

● 將標題設定為「員工自己製作的影片」

顧客看到標題後，不會太在意影片品質，反而覺得其中的素人感很有趣。

● 在影片標題上標注號碼，讓過去的影片也有機會被看見

碰巧點開影片的人看到號碼後，可能會對過去的影片產生興趣而想找來看。

CastaNet 就這樣每天持續發佈介紹商品的影片，確實在培育人才、提升員工熱情等方面顯現成果。但是，這個成果沒有馬上和業績產生關聯，在發佈影片的第一年，收益幾乎沒任何明顯改變。

但是，從二〇一七年下半年開始，也就是每天發佈影片超過一年後，情勢有所轉變。考慮購買防災用品的公司逐漸增加，到了二〇一八年三月年度尾聲⓫，前來詢問的企業可說是蜂擁而至，簽約率也非常高，而且四月之後的氣勢仍持續不減。

究其原因，或許是因為員工每天發佈影片和更新官方網站，造訪網站的人數飛躍性地增加。看過 CastaNet 官網的人，都能感受到這是一家值得信賴的公司。

植木表示：「人們常說堅持到底就是力量，透過持續發佈影片，我認為堅持到底就是寶藏。至今為止，公司因社會公益而受歡迎，但我們不畫地自限，如今更獲得發佈影片這個寶藏。」

CastaNet 並非像直播商務一樣採取短暫溝通，而是一步一腳印地發佈影片，這個實例或許能供小型公司或店鋪參考。

案例㉔ 辦公室用品公司 CastaNet

每天持續上傳介紹商品的影片，雖然沒得到立竿見影的效果，但成功提升員工本業之外的能力，也讓顧客感受到公司的誠意，進而產生信賴。

⓫ 日本企業的會計年度普遍從四月開始，因此三月是年度尾聲。

案例▼顧客的真實反應影片，是最好的免費行銷

提到宮城縣石卷市，最知名的莫過於世界三大漁場之一的「三陸・金華山沖」，以及其豐富的海產和加工品。這裡曾因為東日本大震災而遭受極大損害，但一直朝著復興的方向振作奮起。

應該很多人不知道，石卷曾是日本第一的鱈子⓬產地。市內在全盛時期甚至有高達六十家的鱈子工廠林立，將魚卵作為明太子原料供給到全日本。

但是，自從日本漁船無法在北洋漁場⓭進行作業之後，不得不向俄羅斯、美國等地進口鱈子的原料，石卷的鱈子加工業者便隨之減少。二〇一一年三月十一日，海嘯侵襲石卷，絕大多數的工廠遭逢毀滅性損害，震災後能重啟運作的工廠屈指可數。

在這些少數的工廠當中，「湊水產」以「愛情鱈子～湊」作為店名，銷售無色素、無添加的鱈子和明太子。因為海嘯的衝擊，湊水產瞬間失去累積三十年的一切，總工廠甚至一個月都沒有水電可使用。此外，不只公司資產遭到波及，全體員工都成為受災戶，像是自宅全倒、房屋被沖走等，蒙受極大的損害。

當時，該公司所有人都呈現半放棄狀態，認為無法重建，但社長木村一成並沒有

放棄，而是鼓舞員工：「等水電恢復之後，再來做鱈子吧！」

二〇一一年五月六日，災後不到兩個月，湊水產便重新啟動工作，開始利用新原料醃漬鱈子。三年後，新工廠建設完成，設備也開始運轉，如今在樂天市場的鱈子部門中，成為營業額最高的人氣商家。

湊水產在樂天市場網站上有個「感動影片區」，人們可以在影片中看見顧客第一次吃到鬆軟鱈子系列產品的反應。為了讓顧客品嘗現做的風味，該公司製造時採取急速冷凍的方法，將鮮度和美味鎖進鱈子裡。影片中的顧客吃了一口後，不自覺地流下眼淚，滿懷感動地向社長要求握手。由於影片實在太真實，人們看了就忍不住想品嘗。然而，我在看影片之前曾心想：「不過就是鱈子，到底是什麼味道讓人吃到想流淚？」

各位曾想過拍下顧客首次吃到自家食品的反應嗎？如果是能打動人心的表情，就

⓬ 日本鱈子和明太子的原料來自於黃線狹鱈的卵，不同之處在於加工手法。鱈子是由鹽巴醃漬而成，明太子則是加入辣椒醃漬。

⓭ 指太平洋的西北部，位置約在白令海和鄂霍次克海附近。

可能成為珍貴影像。當然，不只限於食品，當顧客第一次使用自家商品，流露出感動的表情，將它拍下來便能成為行銷的好素材。

只要是真情流露，那份情感一定會傳遞到螢幕的另一端，影響觀看者的心情，產生想要嘗試的想法，進而成為新顧客。

案例㉕ 鱈子和明太子專賣店「湊水產」

拍下顧客第一次品嘗自家商品的反應，並上傳至商品頁面，透過具有感染力的表情，引發他人好奇。

「那家店的員工真熱情，我都不好意思不買！」

案例▼玩具店員實際玩商品，連家長的心都被立刻擄獲

如果想藉由言語的力量動搖顧客情感，並非只能仰賴網路，活用實體店也很有效果，但不可否認的是，網路的發達讓許多實體店的業績都大受影響。

二〇一八年三月，美國最大的玩具連鎖店「玩具反斗城」（Toys"R"Us）宣佈，要關閉全美七百三十五家店鋪。與此同時，英國倫敦的玩具老店「漢姆利玩具城」（Hamleys）維持極佳狀態，並在全世界持續拓點。

漢姆利玩具城創立於一七六〇年，是全世界最古老的玩具店，其位於倫敦攝政街（Regent Street）的旗艦店有七層樓，各樓層分別販售不同種類的玩具。值得一提的是，漢姆利玩具城不只是一般的玩具店，還是每年有五百萬人造訪的觀光勝地。

究其原因，除了玩具種類豐富、展示吸睛之外，最大的賣點在於店員。玩具店每層樓都有實際演示的銷售區，介紹商品的時間一到，店員就會大聲疾呼，利用玩具、樂器吸引顧客的注意力，簡直可說是店員的個人秀時間。

而且，店員不是只有吸引孩子，甚至把家長也拉進來參與玩具的展示銷售。在實際演示的過程中，可看見店員發自內心地沉醉於玩玩具的快樂中，因此能迅速拉近與孩子間的距離。

而且，漢姆利玩具城不只展示或銷售玩具，為了讓孩子玩得更盡興，店內的環境深具巧思，設計成全家人能一同享受的空間。

孩子一走進漢姆利玩具城，看見店內的舒適環境及店員熱情銷售，情感一下子就被打動，而且動搖孩子的情感後，家長也會連帶被影響。其實，靜下心來理性思考就知道，同樣的商品在網路上購買比較便宜，但顧客還是忍不住當場掏錢，簡直像陷入一場漢姆利魔術。

漢姆利玩具城在全世界拓展許多系列分店，像是在二〇一八年五月，和東京港區的「萬代南夢宮遊戲」締結玩具零售業加盟連鎖合約，並在同年十一月三十日，開設橫濱一號分店。

不過，日本分店能像英國一樣成功嗎？關鍵在於銷售手法是否能讓孩子、家長都感到心動。

案例㉖ 漢姆利玩具城

在店內設置實際演示銷售區，店員會和顧客一同試玩玩具，迅速拉近雙方的距離，讓顧客忍不住現場購買。

案例▼雜貨店真情打動顧客的方法，是讓員工賣熱愛的商品

各位最近曾造訪東急手創館（Tokyu Hands）嗎？應該很多人像我一樣，以前經常去逛逛，最近卻鮮少專程前往。因為東急手創館販售的商品在網路上也買得到，所以不太需要特別前去。實際上，都會區有不少大型商店都陷入苦戰。

為了挽回局勢，二〇一八年三月，東急手創館在新宿旗艦店進行破天荒的嘗試，推出名為「嗨！店長」的專案。這個專案由自家員工企劃並擔任店長，負責店裡的某個角落，也就是店中店的概念。

具體而言，東急手創館在新宿店的各樓層導入六家店中店，分別是主打男性保養的「男子漢商店」、將自宅打造成咖啡廳的「一杯咖啡商店」、幫助好眠的「香甜熟睡商店」、販售足部保養用品的「閃亮腳底商店」、銷售手工藝品的「世界僅一家商店」，以及販賣科學商品的「玩心商店」。

這些店長是由公司內部招募或指定，每個人都擁有堅定不移的強大個性，從採購到打造店鋪都親自執行。舉例來說，「香甜熟睡商店」的店長安土知宏能回答所有關於寢具的問題，並給予顧客建議。

安土在專櫃從事銷售工作將近二十年，如果某個廠商的東西不受顧客歡迎，或是評價低落，他會盡可能自費買下商品，親自驗證用起來的感覺，他曾購買四家公司的床墊試用，但只向顧客強力推薦真正好用的商品。

由於這些店中店的店長都相當有熱情，很容易打動顧客的心，促使他們採取情感式消費，這就是專案的目的。我認為「嗨！店長」是出色的嘗試，因為實體店的最大賣點就是人。

如今，東急手創館新宿店的店長持續增加，總公司正在評估是否將專案推展到其他店鋪。不僅如此，公司也希望能激發員工嚮往成為店長的欲望，達到活化公司內部的效果。

案例㉗ 東急手創館新宿店

讓員工推銷真心喜愛的商品，充分向顧客傳達出熱情，更容易打動人心。

案例▼為什麼單純分享喜愛的書籍，也能促進銷量？

漢姆利玩具城和東急手創館的案例，可以應用於超市、家居園藝零售賣場、書店、藥妝店等，只要在店裡設立主題角落、採取店中店的形式，並進行實際演示銷售，或是強力推薦給顧客即可。

二〇一八年春天，我實驗性地舉辦兩場「在書店聊聊書！」活動，實際於書店中進行演示銷售，地點分別在ORIORI produced by Sawaya 書店，以及代官山蔦屋書店。

我擔任活動主持人，並召集幾位愛書人士，請他們認真推薦自己覺得有趣或是喜愛的書籍。這個企劃的靈感來自於朝日電視台的節目《毒舌糾察隊》，該節目在二〇一七年秋天有個單元叫作「在書店閱讀的藝人」，我看完後從中得到靈感，便著手企劃這個活動。

這兩次的活動反應都相當熱烈，就連平時難以賣出的書，都有極高的銷量。有人說這個活動比其他書店的談話性活動更熱鬧，可能是因為來賓單純推薦自己欣賞的書，並非廣告或業配。

活動開始前，我會先介紹來賓的性格、成長背景，我發現觀眾瞭解來賓的個性後，較容易接受其推薦的書籍，效果也更佳。這就是為什麼某些書經過藝人或名人推薦之後，銷售量會更上一層樓，因為大家事先瞭解他們的個性。此外，「在書店聊聊書！」的活動不僅限於書店，還可以應用於其他業種，例如：

莫大的資產。

即使只是一家小小的分店，只要將網路和實體店連結起來，並且持續發佈貼文，便能創造出銷售現場的熱度，請各位務必從發佈貼文開始嘗試。

案例㉙　佐佐直魚板SELVA店的菅原亞依

在部落格或社群網站上，自創令人印象深刻的招牌口頭禪，有助於快速被顧客記住。

重點整理

- 利用言語的強大力量，搭配散播力量強的社群網站，能產生相乘效果。
- 直播銷售重視與賣家的信賴關係，因此用自己的話推薦真心喜歡的商品，更容易熱賣。
- 即使無法得到立竿見影的效果，持續進行某件事，仍能讓顧客感受到誠意，進而產生信賴。
- 深具感染力與真實感的影片，有助於快速抓住人心。
- 當店員或銷售員對商品懷有巨大的熱情，會快速傳染給顧客。
- 如果想讓顧客在社群網站中快速記住自己，可以自創令人印象深刻的口頭禪。

編輯部整理

NOTE

人們接觸到具備統一感的世界觀之後，如果喜歡或是產生共鳴，情感就會動搖，激發出當場買下商品或服務的欲望。

第 3 章

翻轉老舊氣氛，營造獨特的「世界觀」

「這個百年歷史建築，世界上只有這裡有！」

七大情感銷售法的第三個是「銷售世界觀」。世界觀這個詞彙原本是哲學用語，意思是人類在世界中的定位，而在小說、電影、漫畫、動畫、遊戲等創作作品中，世界觀多半是指故事的前提，也就是人物、環境、歷史等基本設定。尤其在虛構的創作中，讓讀者和觀眾進入世界觀非常關鍵。

對於銷售來說，世界觀也相當重要，因為它就等於銷售者本身，而本章提到的世界觀是指銷售商品和服務時，商品、店家、公司、機構和員工等賣方，散發出的氣氛、性格，或是設計和銷售方式，能讓顧客覺得有一體感。人們接觸到具備統一感的世界觀之後，如果喜歡或是產生共鳴，情感就會動搖，激發出當場買下商品或服務的欲望。

請各位想像自己正在迪士尼樂園內，園內的一切充斥迪士尼特有的世界觀。因此，喜歡這個世界觀的人會非常享受這個環境，而且商品也賣得很好。接下來，請在腦中描繪博多中洲的路邊攤小街，這裡擁有獨特的世界觀，不僅深受當地人喜愛，也是日本國內外觀光客頻繁造訪的人氣景點。

然而，不管這兩個地方再怎麼受歡迎，如果在迪士尼樂園裡，蓋一條博多的路邊攤小街，會變成什麼樣子呢？兩種世界觀會相互碰撞，彼此的優勢也會蕩然無存，當然難以產生想要消費的心情。也許你會認為：「我才不可能做那麼愚蠢的事！」令人遺憾的是，不少店家或商業設施都在做類似的事。

本章將介紹許多商業設施、店家、商品和商店街的案例，看他們如何藉由統一的世界觀來動搖顧客情感，進一步成功地賣出物品或服務。

案例▼重新翻修舊倉庫，打造成自行車騎士的天堂

各位對廣島縣尾道市的第一印象是什麼？許多讀者腦中或許會浮現大林宣彥導演的電影作品，尤其是被稱為「尾道三部作」的知名電影《轉校生》、《穿越時空的少女》、《Lonely Heart》。二〇一五年，尾道更以「與水道交織而成的中世紀盆景式都市」之稱，被認證為日本遺產。

很多人即使沒去過尾道，應該也會對它抱有「被山和海包圍的懷舊陡坡及巷弄」的印象。但這些景點幾乎都位於JR尾道站的東側，西側過去沒什麼觀光特色。

二〇一四年三月，尾道站西側有棟複合式建築開幕，內含飯店、餐廳、商店等設施，建築物名為ONOMICHI U2，取自尾道的日文發音Onomichi。

ONOMICHI U2（以下簡稱U2）是由海運倉庫翻修而成，該倉庫建造於太平洋戰爭期間，擁有七十年以上的歷史。名稱中的「U2」，則是海運倉庫原名「縣營上屋2號倉庫」的縮寫⑮。如今「縣營2號」的文字依舊維持原樣，和門上的U2字樣一起留在牆壁上。

我實際造訪時，外觀幾乎維持過往倉庫的模樣，但內部的風格迥然不同，令人相當驚訝。由於沒有隔間，巨大空間讓人一覽無遺，但定睛一看，會發現有些地方以裸感風格設計，使用鐵、石頭、木板等材料打造而成。設計師應該認真考量過倉庫既有的素材和使用方式，才加以翻修改裝。舉例來說，牆壁上到處釘有木板，但那並非裝飾，而是過去為了避免貨物碰傷牆壁而釘上的緩衝材料，如今也被完整地保留下來。

此外，U2還有個概念，就是作為自行車騎士的據點。「瀨戶內島並海道」是日本第一條橫跨海峽的自行車道，一直受到國內外騎士矚目，尾道是其中一側的起點，

不僅如此，東大阪市是日本少數小型工廠聚集的地區。矢野依據這項特質，將客房的裝修主題設定為「在工廠裡過夜」，為此他在內部裝潢運用鍍鋅鐵皮等素材，創造出前所未有的世界觀。光是聽到這個構想，就很想住一次看看。

案例㉜ SEKAI HOTEL
顛覆飯店的原有結構，將整個區域的四散房屋變成一家飯店，除了帶給顧客奇異的感覺，也可以有效解決空屋問題。

案例▼飯店主打「三人旅」，用冷門商品挑戰主流市場

京都和大阪一樣有大量的外國觀光客，而且日本國內的觀光客也很多，因此每到春天、秋天等旅遊旺季，即使是平時便宜的商務旅館，價格飆漲到兩倍以上也不是稀

奇的事。

二〇一八年，京阪三条站附近的鴨川沿岸，有家女性專用簡易住宿設施開幕，這家飯店擁有嶄新世界觀，名為「CAFETEL 京都三条 for Ladies」（以下簡稱CAFETEL）。順帶一提，Cafetel 這個詞是 Café、Hotel、Hostel 加以組合的新創名詞。

CAFETEL 的營運公司是京阪電車集團「京阪 STAYS」，其與車站相連的大樓本來是京阪控股（Keihan Holdings）旗下的資產，京阪 STAYS 將它改造成女性專用的住宿設施。

CAFETEL 的營運概念是「女孩三人旅」，文案為「京都三条讓三個女孩的旅行HAPPY 三倍」。為了符合這個概念，刻意將客房設計成豪華露營⑱的居家形式，而且幾乎所有房型都是由三張單人床組合而成的三人房。

一般來說，如果三個人要住同一間房間，飯店通常會安排兩人房加一張床，讓人感覺有點不公平，但 CAFETEL 的三人房全部採用相同的床，因此不會有這個疑慮。將房間價格平分成三等份，換算下來也相當合理。

雖然三人共用洗手間和淋浴間，但在自然光灑落的明亮化妝室裡，擺有奈米水離子吹風機、奈米水離子蒸臉機等超人氣美容家電。而且，沖澡設備也毫不馬虎，房客能透過美容蓮蓬頭的微米氣泡，讓肌膚上的油污浮出來，再用清水沖洗乾淨。此外，客房的備品也十分充足。

走出客房後，可以看到一樓設有咖啡館，使用者不限於住宿者，任何人都能在此放鬆地喝杯咖啡。咖啡館從早到晚都營業，並且提供各式各樣適合拍照打卡的料理，其中「三公主鬆餅」是將粉紅色的鬆餅和原味鬆餅交疊成六片，再鋪上大量水果、鮮奶油，份量很適合三個人共享。

實際上，企劃與負責CAFETEL的團隊成員多半為年輕女員工，她們和目標群眾的年紀相仿，實際逛了飯店附近的各個場所，並開拓值得推薦的店家或景點後，才精心提出女孩三人旅的企劃。

許多實際住宿過CAFETEL的房客，會在社群網站上發文分享，所以它剛開幕不久，知名度就急速提升，如今正以極佳的運轉率發展當中。

⑱ 日文原文是「グランピング」（Glamping），是將英文「Glamorous」和「Camping」組合而成的詞彙。

其實，女孩三人旅在市場上有一定的需求，卻始終沒有出現能滿足這個期待的住宿設施。或許 CAFETEL 正是因為符合這個需要，又樹立清晰的世界觀，才能成為話題。

案例㉝ CAFETEL 京都三条 for Ladies

看似冷門的商品或服務，在市場上仍有一定的需求。徹底滿足這些顧客後，不僅能帶來商機，還可以引發話題。

現任社長吉田惠美子接下父親的事業，並運用故事的力量吸引顧客前來購買。

在那之後過了若干年，小金屋食品作為代表大阪的納豆製造商，越來越受矚目，在日本百貨公司的活動場合上，也深受顧客歡迎。我實際吃過小金屋的納豆，與普通超市販售的納豆有非常明顯的差異。

二〇一六年二月，小金屋食品在大阪西區土佐堀，開設大阪第一家實體納豆專賣店「納豆ＢＡＲ小金庵」。一踏進店裡，可以看到擺放在展示櫥窗裡的商品，裝潢設計簡直就像一家甜點店，很難令人聯想到納豆專賣店。

其實，小金屋食品開設這家店是為了回應顧客的期望，不少客人希望可以隨時買到小金屋的納豆，而不是只能透過線上購物或販售活動來購買。此外，吉田也希望開創新的銷售方式，採取和顧客面對面的方式來販售商品，於是他果斷地決定開一家實體店。

順帶一提，「納豆ＢＡＲ」這個名字是為了和「壽司ＢＡＲ」相抗衡。如果壽司的賣點是美味的材料和米飯，那麼小金屋納豆的賣點就是大豆上的醬汁和配料。顧客可以在納豆ＢＡＲ小金庵中尋找喜歡的納豆，就像在酒吧裡選雞尾酒一樣，這個服務稱作「精萃系列」。顧客能選擇大顆、小顆、磨碎的大豆，配料有青辣椒味噌、洋蔥、味噌、沙丁魚乾片、昆布、梅子肉、鵪鶉蛋、泡菜等食材，種類繁多齊全。

此外，店內提供的納豆都是自家工廠加工而成，原料大豆也是百分之百日本國產，並且根據不同顆粒大小的大豆，挑選出該大小最好吃的品種，因此產地並不相同。至於醬汁則是委託愛知縣老字號醬油廠商製造，以白醬油作為基底，完全不添加化學調味料。

而且，納豆ＢＡＲ小金庵連商標圖案也不馬虎，刻意設計成沒見過的漢字，左邊是個「豆」字，右邊有個「旨[19]」字，和「魚」＋「旨」構成的漢字「鮨」（意為壽司）對抗意味濃厚。總體來說，整家店都可以看出納豆ＢＡＲ小金庵的世界觀，因此實體店開幕後，除了大阪當地的顧客，特別遠道而來的人也不在少數。

不過，實體店的成功沒有讓社長吉田滿足，因為她的野心是創造「大阪納豆」這個納豆種類，再推廣到日本全國。這麼一來，無論是討厭或喜歡納豆的人，都會對小金屋產生興趣。

為了達到這個目標，吉田會繼續將小金屋食品的故事搬到顧客面前，講述如何在納豆不毛之地大阪，持續製造出被當地人喜愛的納豆，而且會一直說下去。

案例㉟ 納豆專賣店「小金屋食品」

將納豆店裝潢得像甜點店，並提供各式配料讓顧客自行選擇，創造與一般同業不同的氛圍。

⑲ 旨在日文漢字中是美味的意思。

「打造專屬世界觀」聽起來很難？其實……

以上介紹各種銷售世界觀的案例，應該很多人會心想：「我明白世界觀的重要性，但是不知道具體可以怎麼做。」

確立世界觀最重要的是釐清公司或店鋪的理念、哲學或概念，然後落實在銷售現場，確實執行後，就能自然而然地形塑世界觀。

以下我用家具業界來說明。說起日本最受歡迎的家具連鎖企業，大多人應該會想到宜得利、ＩＫＥＡ、無印良品。仔細觀察這三家企業會發現，它們都擁有明確的理念和哲學，自然而然地便確立起屬於自己的世界觀。

舉例來說，宜得利給人物美價廉的印象，儘管提高商品品質，仍能抑制價格，讓顧客產生「宜得利真是物超所值」的情感，這便造就宜得利的世界觀。

ＩＫＥＡ則傳達出「和顧客一同合力省錢」的概念，因此會以顧客自行組裝家具為前提，用低價位提供富有設計感的家具。此外，ＩＫＥＡ也貫徹「把自家打造成全世界最舒服的空間」這個理念，其產品型錄中有許多人物與家具一同入鏡的照片，可以從中感受到IKEA強調的故事性。

相較之下，無印良品極力消除商品中的個性或流行元素，不販售讓人強烈感嘆「有這個真好」的商品，而是致力於製作「這樣就好」的商品，盡力實現舒適生活的概念。由於這個特別的理念，無印良品擁有其他企業所沒有的獨特世界觀。

目前，無印良品在日本多個地區開設書店MUJI BOOKS，分店包括CANAL CITY博多店、有樂町店、Atre惠比壽店等。此外，二〇一八年於深圳、北京開設的旅館MUJI HOTEL也贏得高人氣，而日本銀座店則於二〇一九年四月開幕。因為無印良品的世界觀明確，消費者自然而然地便能接受這些展店策略。

請各位試著為自家公司或店鋪確立理念、哲學或概念，並將其落實到店鋪或銷售現場，一定能持續建立出屬於自己的世界觀。

重點整理

- 人們接觸到具備統一感的世界觀之後，如果喜歡或是產生共鳴，情感就會被動搖，激發出當場買下商品或服務的欲望。
- 只要充分發揮地方優勢，即使是巨大的危機也可以變成轉機。
- 刻意營造店鋪外裝與內裝的反差，能夠讓顧客感到驚喜，留下深刻印象。
- 將社會問題或社會需求融入商品，有助於創立獨樹一格的世界觀。
- 確立世界觀最重要的是釐清公司或店鋪的理念、哲學或概念，並確實落實在銷售現場。

編輯部整理

NOTE

人們容易對一起創造出事物的人抱持特殊情感，將這個現象轉換成戀愛狀況，各位應該更容易理解。當雙方共同做某件事，容易發展成戀愛關係，在商業上也適用這個道理。

第 4 章

用「共創、協創」與顧客談戀愛，路人直接變鐵粉

「他怎麼知道，我一直很想參加這種活動？」

七大情感銷售法的第四個是「銷售共創、協創」，雖然英語單字「Together」是一起、合作的意思，不過我想使用市場行銷上常見的譯詞，也就是共創、協創。

這兩個詞看起來意思類似，卻有微妙不同。共創指的是買方與賣方有共同感受，協創則是相互協力，共同創造出某事物，像是社群、活動、商品企劃等。

而且，人們容易對一起創造出事物的人抱持特殊情感，將這個現象轉換成戀愛狀況，各位應該更容易理解。當雙方共同進行某件事，容易發展成戀愛關係，在商業上也適用這個道理。

顧客一旦對店鋪或商品抱有特殊情感，便不會進行計算式消費，而是透過情感式消費來買東西。如果以溫和的詞彙來表達，就是成為粉絲，如果用我過去常用的詞彙，則是和顧客建構甜蜜關係。不過，想立刻形成那樣的關係並沒這麼容易。

首先，必須讓顧客覺得這是值得成為粉絲的公司，且擁有令人抱持強烈好感的元素，例如：具備高品質的商品、經營者或員工的工作方式值得認同、商品設計吸引人、感覺好像很有趣等。不過，擁有這些好感元素後，如果你的公司或店鋪並非迷人的魅力企業，即使向顧客高聲呼籲：「讓我們共同創造某事物吧！」恐怕還是很難有所進展。

因此，接下來必須持續增加和顧客的接觸頻率。但是要特別注意，讓顧客變成粉絲的過程就像談戀愛一樣，如果追求者（公司或店鋪）令顧客有好感，他們便會感到親切，但若討厭的對象苦苦追求自己，則會造成反效果。其實，拿捏這個平衡正是最困難的地方。

案例▼為何啤酒公司的交流活動，能讓四千狂粉爭先恐後？

提到和顧客一同創造某事物，我腦海裡馬上浮現以 YONA YONA ALE 啤酒為人熟知的啤酒公司 Yo-Ho Brewing（總公司位於長野縣輕井澤）。Yo-Ho Brewing正是藉由和顧客一起舉辦活動，奠定和其他飲料製造商截然不同的地位。

我在《為什麼超級業務員都想學故事銷售》中，曾詳細介紹 Yo-Ho Brewing 社長井手直行的故事，他藉由和顧客建構甜蜜關係吸引許多粉絲，讓營業額驚人成長。簡單來說，Yo-Ho Brewing 將「該如何銷售商品」的考量提升到「該如何取悅顧客」，並在網站上費盡心思，這就是擁有大量粉絲的關鍵原因。

在那之後又過了許多年，Yo-Ho Brewing 的進步幅度不停增長，如今已成為備受矚目的企業，最近六年的營業額成長率竟然高達四倍。二〇一四年九月，Yo-Ho Brewing 和麒麟啤酒在部分業務與資本上展開合作，並將若干生產流程委託外包。

此外，二〇一七年的「最具工作價值的公司」排行榜中（由 Great Place to Work® Institute Japan 實施），Yo-Ho Brewing 在「一百至九百九十名員工」的組別中，獲選為最佳企業，媒體的曝光度也變得非常多。

然而，即使 Yo-Ho Brewing 的業績大幅成長，首要考量依舊是和顧客共創、協創。過去他們曾舉辦粉絲交流活動「YONA YONA 和平宴」，參與人數只有幾十個人。二〇一五年起，他們將活動改為「YONA YONA ALE 超宴」（以下簡稱超宴），並在靠近總公司的北輕井澤露營場地舉辦活動。

超宴的第一年參與規模大約五百人，二〇一六、二〇一七年的活動則擴大至一千人，二〇一七年開放售票時，入場券甚至可以用秒殺來形容。Yo-Ho Brewing 感受到粉絲的熱情響應，同年十月在明治神宮外苑軟式球場舉辦活動，規模突破四千人。

超宴並不是單純聚集粉絲的飲酒會，還有大量猜謎、遊戲等娛樂節目，是場超越顧客期待值、讓大家都非常滿足的活動。實際上，Yo-Ho Brewing 舉辦活動正是在證實假說，他們假設滿足於活動的顧客會成為粉絲，並幫忙擴散好口碑和熱度，進而吸引新的顧客。

此外，由於 Yo-Ho Brewing 的員工在公司內部習慣和同事以暱稱相稱，舉辦活動時也會如此稱呼顧客，因此工作人員容易記住暱稱特別、多次參加活動的狂熱顧客，據說員工的腦中塞滿許多顧客的長相、暱稱以及小故事，藉此急速拉近與顧客的距離，也讓狂熱鐵粉快速增加。

而且，Yo-Ho Brewing 甚至訂下遠大理想：「二〇二〇年開始，要展開超宴巨蛋體育場盛會！」日本的巨蛋體育場有數萬個座位，言下之意就是必須聚集數萬人，難度很高。一般人也許會認為這是無稽之談，但他們的企業文化就是訂下看似誇張的目標，再從目標逆推回來，規劃現在該如何策劃、行銷，才能達成目的。

為了達標，Yo-Ho Brewing 的第一步是在二〇一八年十月二十七日對外公佈，他們將會在東京台場的特設會場，舉辦五千人規模的超宴。

案例㊱ 啤酒公司 Yo-Ho Brewing

透過舉辦超出顧客想像的活動，讓參加者因美好印象而成為粉絲，進而幫忙散播口碑和熱度。

案例▼毛巾公司數十年如一日的堅持，確立無數老粉

提到愛媛縣今治市，相信很多人會想到「全日本最大毛巾產地」，許多今治的毛巾製造商也常將地名納入品牌名稱中，利用地區的知名度取得顧客信賴，因為其高品質毛巾的地位眾所周知。如今在一百多家的今治毛巾製造商裡頭，有一家公司擁有大量的狂熱粉絲。

這家公司是IKEUCHI ORGANIC，在二〇一四年，也就是創辦公司的第六十一年，公司名稱改為「池內毛巾」。池內毛巾不僅通過「100％有機棉料」的嚴格檢驗標

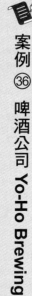

準，製造時的用電更是百分之百風力發電，因此以「風織成的毛巾」廣為人知。

由於池內毛巾始終用嚴格標準看待自家產品，而且相當重視招牌商品、不輕易更新規格，粉絲人數正持續提升。而且，在一般人的印象中，使用有機毛巾的顧客應該是女性居多，但池內毛巾的核心粉絲大多為三十到四十歲的男性。

二〇一七年六月，池內毛巾舉辦第一次粉絲活動「今治Open House」，雖然參加者必須自行支付交通和住宿費，依然有超過四十位來自各地的粉絲和媒體前來參加。公司租用巴士到機場迎接參加者，在公司代表、社長和員工的款待中，參加者從染色工廠、製織工廠開始參觀，充分享受粉絲見面會、聯歡會等精彩豐富的活動。

池內毛巾創立於一九五三年，創辦人是現任代表人池內計司的父親，主要業務原本是幫外銷的商品代工。池內計司從東京的大學畢業後，就職於松下電器產業（現為Panasonic），當初並不打算繼承家業。但在松下電器工作的期間，他一直思考該如何將松下電器得到的經驗，發揮於自家公司，於是下定決心離職。然而，池內計司回到池內毛巾之前，他的父親驟然離世。一九八三年，他當時只有三十四歲，毫無準備地以社長之姿繼承公司。

池內成為社長之後，馬上遭遇一些問題。即使他清楚表明領導方針，告訴員工自己想推出什麼樣的毛巾，依然沒有任何人願意聽從素人社長說的話。而且，當時大眾對池內毛巾的品質大多給予差評，甚至還有同業在背後評論：「那種東西根本算不上是毛巾！」

一九九九年，池內深深感受到，只靠代工生產根本毫無未來可言，於是便著手開發自家品牌，他決定以友善環境作為賣點，拓展出獨創路線，並成立新品牌ＩＫＴ，理念為「最大限度的安全，最小限度的環境負荷」。

實際上，公司當初沒有過於深入思考環境問題，根據池內本人的說法，這是他為了「裝模作樣」所展開的事業。由於當時營業額的一大部分還是仰賴代工，公司不少人都認為新品牌只是社長的興趣。

然而，儘管ＩＫＴ取得業界第一張「ISO14001標準證書」（國際環境管理系統驗證），也參加展示會，依然遭到環境專家的質疑，通過檢驗的門檻也越來越高。為了回應這些批評，池內毛巾和當地七家公司共同設立全世界最高等級的廢水處理廠，導入對環境負荷較低的染色技術（低衝擊開發），並使用綠色能源運作工廠。

認同公司理念的粉絲，是事業低谷的救命韁繩

二〇〇二年，全美規模最大的紐約家用紡織品採購展覽會上，「風織成的毛巾」獲得最優秀大獎，在美國引發騷動，之後被各種媒體報導介紹。二〇〇三年，日本首相小泉純一郎在施政方針演說上，介紹池內毛巾，《NEWS STATION》節目也製作相關特輯，使池內毛巾人氣爆棚，訂單多到來不及生產，儼然成為時代新寵兒。

但是好事多磨，逆境就從這裡開始。由於池內毛巾的七成營業額依賴某家批發企業，而那家公司卻突然因破產而倒閉，池內毛巾遲遲無法回收帳款，導致資金周轉情況惡化，同年不得不申請《民事再生法⑳》。

池內毛巾之所以沒有被迫歇業，是因為銀行等債權者看好IKT，於是買下這個品牌的未來性。此外，那時候許多人認同池內毛巾友善環境的策略，因而成為粉絲，當他們看到池內毛巾遭逢經營危機的新聞，多數人都希望公司能繼續經營，不少顧客

⑳日本破產法之一，針對經濟上面臨困境的債務者，協助其重建事業或生活。

表示：「是否有我們能貢獻一己之力的地方？」甚至還成立「加油！池內毛巾」網站。

接下來，池內毛巾開始集中火力於自家品牌 IKEUCHI ORGANIC（池內有機），雖然這個品牌原本只佔整體營業額的一％左右，但他們仍決定以重建公司為目標，在這個品牌上傾注全力。

此外，由於無法向銀行借錢，所以接到訂單後再生產的情況持續將近六年。不過，正是因為這個策略，才得以將商品優先賣給真正瞭解 IKEUCHI ORGANIC 的人。而且，池內認為輕易鼓吹顧客換購是本末倒置之舉，所以極力維持商品原本的設計，強調永久經典款。從結果來看，也許這就是擁有無數狂熱粉絲的主因。

二〇〇七年，民事再生的手續結束，池內毛巾再次復活，並在東京表參道、京都、福岡等地開設直營店。他們的策略是和顧客直接接觸，讓更多人知道 IKEUCHI ORGANIC 這個品牌。

在每家直營店的門市裡，常駐有「毛巾服務員」，他們的工作是推薦符合顧客喜好的毛巾。而且，店內還設置洗衣機、烘乾機等，顧客可以實際體驗長時間使用毛巾會發生什麼變化。

順帶一提，池內毛巾之所以將品牌命名為IKEUCHI ORGANIC，是因為他們不只販售毛巾，還銷售用有機棉料製成的紡織品。同時，希望將重視環境的思維模式傳達給全世界，朝著「有機專業製造商」的方向變革。

二〇一六年，池內以代表人的身分專注於製造商品，由阿部哲也就任第三代社長。出席大型活動時，池內會親自上台，至少花九十分鐘暢談關於產品的想法和品質。相信聽到他對商品的熱情構想後，都會有所共鳴，這就是IKEUCHI ORGANIC粉絲人數越來越多的原因。

案例㊲ 有機毛巾公司「池內毛巾」

極力維持商品原本的理念與設計，並強調永久經典款，於是得到老顧客的長久支持。

「參加這個活動有吃又有拿，真是不好意思！」

案例▼為了報答裝潢公司的貼心服務，顧客用入股表達感謝

假設各位家中的洗臉台鏡子破裂，會請裝潢公司到府修理嗎？應該很多人不好意思請他們特意前來。不過，有家裝潢公司相當特殊，無論委託他們再瑣碎的工作，都不會露出嫌惡表情，而是高興地承接，這家公司就是「櫻花住宅」。

櫻花住宅除了位於橫濱的總公司之外，在鎌倉、平沼、逗子也有分店，員工總人數為四十五人，這家公司最為人熟知的特色是與顧客間的深厚關係。此外，櫻花住宅還實施「顧客股東制度」，包含法人在內的所有一百六十二名股東中，竟然有一百零二名股東是顧客（根據二〇一八年七月一日官網的數據），比例高達六三％。

為什麼會創造顧客持股制度呢？代表董事二宮生憲說：「假設公司的經營方針有

所偏頗，就要讓身為股東的顧客提出意見，再加以修正。」而且，他認為藉由這個制度，還能強化和當地住民間的連結，讓他們產生認同感。

一年一度的股東大會在橫濱灣東急飯店的宴會廳舉辦，並備有接駁車接送股東到會場。大會的主要流程是闡述當期報告、下期展望，以及讓股東自由發表意見。此外，大會的另一個目的是款待股東、顧客、製造商、零售商、員工家屬等相關人士，在大會結果後的聯歡會上，備有套餐料理，以及鋼琴、長笛等現場演奏。

櫻花住宅的主要業務中，約有半數是幾千日圓到三萬日圓的案子，包括換燈管、修補紙窗戶、更換洗臉台的鏡子、修繕柵欄等。如果只承接這些簡單的工作，公司幾乎會以虧損作收，從營業額來看，也只佔了百分之二。不過，正因為櫻花住宅細心承接同業不做的小工作，為他們帶來佔營業額高達九八%的大型工程訂單。

而且，櫻花住宅為了和顧客締結深厚關係，考量許多策略，像是創立顧客可免費入會的「櫻花俱樂部」，如今已累積一千兩百名以上的會員。俱樂部每年會企劃多次國內外旅遊，會員和員工可以一同參與。

不僅如此，櫻花住宅為了款待顧客，甚至改裝總公司的辦公室，打造「櫻花貴賓室」，裡頭提供免費咖啡、茶飲，如果有便當等餐點也可以自由帶走。而且，即使不是顧客也能利用該空間，舉凡自治會的聚會、媽媽們的聚餐，或是攝影、繪畫、陶藝等作品展示，都可以在此地舉行。另外，貴賓室每月會舉辦一次料理課程，由橫濱灣東急飯店的主廚曾我部俊典親自指導。

由於櫻花住宅總公司附近的周邊店家不多，沒有可聚餐聊天的空間，為了因應當地居民的需求，櫻花住宅才決定設置貴賓室。乍看之下，打造這個空間好像沒有賺頭，實際上卻能有效降低顧客發包裝潢的心理障礙。

櫻花住宅始終秉持和顧客建立深厚關係的理念，因此有高達七成顧客都是回頭客，而且連續二十年都黑字經營。

案例㊳ 裝潢公司「櫻花住宅」

秉持和顧客建立深厚關係的理念，即使是同業不做的虧錢生意也當仁不讓，因此顧客有七成以上都是回頭客，而且連續二十年都獲利。

案例▼駕訓班擺脫「潛規則」，被業界罵爆卻引來大批學員

各位到駕訓班時，覺得自己的教練如何呢？相信大家對教練的印象不外乎冷淡又恐怖。那麼，假設教練在指導途中不停稱讚學員，又會是什麼景象呢？在日本汽車駕訓班不斷倒閉的大環境下，有家駕訓班便是透過稱讚學員，讓業績大幅成長。

這家駕訓班是位於三重縣伊勢市的「三重縣南部汽車學校」，至今已經創立五十六年。現任社長加藤光一是第二代社長，大學畢業後在東京商社工作過一段時間，之後接受父親的提議返鄉繼承家業，他歷經在東京的磨練後，於一九九三年、三十歲的時候進入公司。

當時的社會不像現在一樣，常將高齡少子化掛在嘴上，但加藤那時便將眼光放遠到十八年後，想像剛出生的嬰兒成長到可以考駕照時，社會將有什麼改變。他發現顧客確實正在持續減少，因此始終抱持危機意識。

為此，加藤著手強化理念，在一九九七年導入「負責制度」，從初學到畢業都安排同一位教練指導。最初反對聲浪相當強烈，許多人質疑：「如果指導時不小心感情用事怎麼辦？」、「如果教練的技術有差異呢？」但實際實施之後，教練的態度產生

大幅轉變，不僅變得更有熱誠，指導時也更有上進心。如今過了二十幾年，負責制度依然是駕訓班的賣點之一。

導入負責制度後，很快便收到不錯的成果。二〇〇四年，普通小客車學員人數達到三重縣之冠，至今仍維持著這份殊榮。二〇一一年更成為三重縣第一個有合宿駕照制度㉑的駕訓班，開始有外縣市的學員特地來此學習。

儘管如此，由於少子化的影響，再加上許多年輕人傾向不考駕照，加藤知道若不做出任何改變，未來將一片灰暗，三重縣南部汽車學校勢必採取革命性對策。

此時，加藤在報紙上看到一則報導，大意是：「讚美能提高學習運動技能的成效。」他想起自己在夏威夷學習滑水時，即使跌進水裡，教練依然會稱讚：「Nice! Try!」他就在這樣的讚美下，不知不覺地學會滑水技巧。

加藤心想，現代年輕人被斥責的經驗較少，讚美或許比責備更能激發潛能。而且，駕訓班普遍給人恐怖的印象，如果想要獨樹一格，用讚美取代責罵更能成為顯著的特色。不過，這個改變一開始就遇到瓶頸，其他駕訓班和前任教練的負面意見如潮水般湧來：「用親切的教法無法確保安全」、「合格率會下降」、「這可是攸關性命的事，應該嚴格指導」。

但是，加藤沒有被這些負面意見打敗，他在二〇一三年將汽車學校轉型為「極力稱讚駕訓班」。舉例來說，當學員在S形曲線的練習中，發生車輪駛離主要道路的情況時，教練並不會責罵，而是找出學員表現好的地方：「還好你馬上就停下來了呢！」其他還有：「越來越會掌握行駛速度囉！煞車技巧進步很多！」總之就是極力稱讚學員，提升他們的學習動機。

結果，以稱讚代替責備的策略產生超乎預期的極大變化，不僅讓學員數量在四年內大幅成長將近三〇%，考照的成功率也大為提升。而且，畢業學員大多給予正面回饋：「稱讚使我更有拚勁」、「開車變得更開心」。

換句話說，三重縣南部汽車學校透過極力稱讚，與學員一同為考取駕照而努力，達到協創的關係。而且，讚美除了加深學員對教練的信賴感，還使公司的氣氛明顯變好，連職員的離職率也跟著下降，可說是有益無害。

㉑在一定期間內於某個地點集中接受教學及訓練，通常以套裝課程形式收費，學費包括住宿、用餐、駕訓費用等，讓學員在課外教學的氣氛下學會開車。

為什麼駕訓班的結業典禮上，許多學員都留下眼淚？

三重縣南部汽車學校還有一大賣點，那就是「感謝父母專案」。簡單來說，就是將孩子對父母的感謝之情化為「心中的煞車」，期望能夠減少交通意外。

從入學到訓練期間，負責的教練只要一抓到機會，就會試圖喚起學員對家長的感謝之情。一般來說，學員的情緒高峰在駕訓班的結業典禮，於是駕訓班便借助典禮的溫馨氛圍，播放感人的親情影片，讓學員對父母的感謝之情升溫沸騰。而且，駕訓班會事先請學員的父母撰寫信件，並於典禮時轉交給學員，再讓他們回信給父母。

結業典禮的最後，全體教練會邊鼓掌邊將學員送出駕訓班。據說，許多學員看完感人影片、讀了父母的信、親手撰寫回信，又看見教練的身影後，忍不住在典禮上痛哭流涕。

三重縣南部汽車學校透過這個專案，確實傳遞出父母的擔心，他們衷心期望孩子在駕駛時不要發生意外。另一方面，孩子也利用這個場合，向父母傳達平時因害羞而難以開口的感謝之情。站在駕訓班的角度來看，也獲得期望的結果，那就是畢業學員發生交通意外的機率，在四年內減少將近一半。

案例㊴　三重縣南部汽車學校

駕訓班勇於推翻業界潛規則，並且以前瞻角度看待市場，成功吸引大量顧客慕名而來。

「喔，真棒！募資讓我拿到市面上沒有的好康！」

案例▼釀酒廠如何藉由故事的力量，募集三千八百萬日圓？

接下來，我要介紹位於富山縣砺波市三郎丸的「若鶴酒造」，這家老字號釀酒廠創立於江戶時代的文久二年（西元一八六二年）。雖然以製造日本酒為主，但其實自一九五二年起，便開始在「三郎丸蒸餾所」釀造威士忌，至今已經超過六十年，而且是日本本島西側唯一的威士忌蒸餾所。

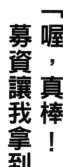

若鶴酒造的第五代社長稻垣貴彥畢業於大阪的大學，之後就職於東京的外資企業，直到二〇一五年，才懷著想從事製造業的心情，回鄉接手代代相傳的家業。

稻垣那時才知道，原來三郎丸蒸餾所和若鶴酒造在同一塊建築用地上。他雖然曾參與過家鄉的日本酒釀造工作，但不知道若鶴酒造從曾祖父稻垣小太郎那一代開始，已持續蒸餾威士忌長達六十年。

某天，稻垣偶然發現六十年前蒸餾的威士忌原酒，一入口就被它的魅力擄獲。威士忌的口感帶有香氣和一點厚重感，讓他瞬間感受到和曾祖父相連的歷史感，當下他就確信，這款酒絕對會暢銷。

然而，三郎丸蒸餾所已經非常老舊，每逢下雨便會漏水，連走進建築物裡都相當危險，但如果放著不管，難以製造出美味的威士忌。稻垣為了不讓蒸餾所就這樣被淘汰，決意重新翻修，當時他心想：「既然要翻修，就要打造成能讓人參觀的蒸餾所！」

不過，重新翻修需要一筆不小的開銷，修建費用預估六千五百萬日圓。於是稻垣決定利用群眾募資的方式募集部分資金。另一方面，他也希望和志同道合的顧客一同協創，共同重建這座蒸餾所。

二〇一六年九月，稻垣利用幕資平台 readyfor，來表達自己的願景，目標是籌措到兩千五百萬日圓，並將主題定為「翻修北陸唯一的蒸餾所，打造一座聚集威士忌愛好者的參觀設施！」結果，在兩個半月內，有四百六十三位支持者願意參與專案，共募得三千八百萬日圓，大幅超越原先設定的目標。

稻垣在幕資平台打上一小段故事：「我的曾祖父在二次大戰結束後，決定挑戰釀造威士忌，當我得知這件事，覺得自己必須繼承他的意志，並傳承給下一代。」許多人對這個故事產生共鳴，因此決定用行動和資金表達支持。

此外，若鶴酒造還有個很特別的地方，他們不以贈送物品的方式來回饋顧客，而是提供有價值的體驗型商品，例如：釀造專屬顧客的威士忌套裝、成為酒桶所有人的權利等。

二〇一七年七月，翻修工作正式結束，三郎丸蒸餾所重獲新生，成為日本北陸唯一開放參觀的威士忌蒸餾所，人們可以在這裡參觀所有製造工程。姑且不論能否實際喝到這裡的威士忌，參與群眾募資的人，應該都想前去一探究竟。

案例㊵ 若鶴酒造的社長稻垣貴彥

利用家族的歷史故事吸引募資支持者，不只解決資金問題，還吸引一群潛在粉絲。

「太厲害！他們不是競爭對手嗎？還能一起……」

案例▼全日本書店店員在網路上秘密結社，合力創造暢銷書

實際上，不僅賣家和顧客能藉由共創和協創來催生熱度，處於競爭關係的賣家與賣家之間，也可以透過協創在現場創造能量。二〇一〇年五月一日，全日本書店店員在處於創始初期的推特上，進行某個秘密交流。

事情的開端來自某個人的貼文：「如果店員刻意在自家書店陳列某些特定書籍，背後又有個由書店店員組成的秘密推特社團，應該滿有意思的。」

看到這個有趣的發想之後，來自各地的書店店員紛紛響應：「好好玩！」、「一起透過推特創造暢銷書吧！」此時，某個店員發文：「希望可以推薦宮下奈都的《Schole No.4》。」原本便經常使用推特的宮下發現推文後，感動地回覆：「我流淚

了！」之後經過一番抉擇，店員們一致決定陳列《Schole No.4》。

接下來，店員們便開始在推特上集思廣益，快速分工合作，有人提供原創的POP（Point of Purchase Advertising，POP）宣傳文字或書腰資訊，有人擔心庫存不夠而事先連繫出版社，還有人出言叮嚀，提醒大家別隨便進貨。

當然，《Schole No.4》的出版社光文社在這次活動中也功不可沒。除了確保庫存量，讓店員在黃金週結束後就能立即陳列販售，同時設計多款手寫書腰，並且積極參與推特上的討論，沒有讓高漲的熱度就此消退。

終於，在提出企劃約十天後，活動於五月十二日在全日本各地的書店展開，總共約有一百家書店參其中，《Schole No.4》也因為這次活動不斷再刷。此外，這個活動還被媒體廣泛報導，包括朝日新聞的《暢銷書》、NHK的《早安日本》、TBS的《國王的早午餐》等，獲得偌大成功。

對於作者宮下來說，這個活動意義非凡，她曾在各種訪談上表示：「《Schole No.4》是我的第一本長篇小說，這個活動給我很大的鼓勵。」在各地書店店員的努力之下，宮下的作品廣為人知，而她也在二〇一六年以《羊與鋼之森》一書，獲得書店大獎第一名，成為貨真價實的暢銷書作家。

正如前文所述，賣家之間的協創也能在現場產生熱度。來自不同公司的書店店員們，透過自發性地協創提升熱度，這份熱度甚至擴及作者、出版社，是個相當成功的案例。我之前介紹的例子大多是網路發起、實體店執行，不過也可以試著反過來，從實體店擴散至網路。

假設大型車站附近，有兩家互為競爭對手的書店，可以試著合作舉行「同一本書在哪家店賣得更好」的活動，並即時在推特等社群網站上報告銷售量，這種行銷方式如何？藉由推特上的互動，具體說明自家店如何費心銷售，相信可以在網路空間裡創造熱度，說不定消費者會因而受到影響，特地前往那兩家書店。

除了以上的點子，相信還有各式關於共創與協創的對策，能進一步動搖顧客的情感，請各位務必思考看看。

案例㊶ 全日本來自不同公司的書店店員

即使是處於競爭關係的同業，也可以透過協創擦出不一樣的火花，達到互助雙贏。

3方法快速激發絕佳點子，讓忠實鐵粉幫你忙

這章介紹許多共創和協創的案例，也說明該如何藉此動搖顧客的情感，或是誕生獨家賣點。不過，也許有讀者認為，這個方法對自家公司或店鋪來說相當困難。確實如此，一般很難立刻像案例的公司一樣取得成功，所以我們只要盡己所能就好。

在此，我想介紹三個非常簡單的方法，有助於想出與共創、協創相關的點子：

1. 讓顧客參加小遊戲
2. 讓顧客參與商品開發
3. 定期舉辦能作為獎勵的小活動

1. 讓顧客參加小遊戲

各位看過「將來自大阪西成區的田中勇吉之味呈現給您！」這個廣告嗎？此文案

來自串炸田中控股集團營運的「串炸田中」，目前正以驚人的氣勢在日本擴張版圖。

提到串炸田中的知名特產，非「擲骰子威士忌調酒」莫屬。具體來說，只要點一杯威士忌調酒（Highball），店員就會端出盤子和兩顆骰子，根據擲出的點數調整價格和容量大小。只要擲出相同點數，即可獲得一杯免費的威士忌調酒，擲出其他點數也都有划算優惠，因此許多人都會參加這個活動。這雖然只是個小遊戲，卻能炒熱現場氣氛，於是成為串炸田中受歡迎的知名特色。

讓我們試著將小遊戲的概念應用於居酒屋。如果將骰子換成撲克牌可以怎麼做？首先請店員手拿五張撲克牌，再讓客人任意抽取一張，卡片內容可設計成「下回使用的優惠券」（每張卡片的優惠多寡各有不同）、「免費贈送特定菜色」等等。

各位應該常收到連鎖店的優惠券，卻很少實際拿來使用。不過，如果透過遊戲和店員直接接觸，而且是親自選出，顧客情感應該會有所動搖，回頭率也會確實增加。

在超市的折疊傳單中夾入遊戲券如何？顧客只要帶著傳單到超市，就能參加簡單的遊戲，並根據結果獲得不同優惠。比起稀鬆平常地發送傳單，這種方式更能活絡氣氛，還可以牽動顧客的情感。此外，各位還可以自行思考其他不同的方式。

案例㊷ 串炸田中的「擲骰子威士忌調酒」

推出玩遊戲就有優惠的活動，不僅可以提升業績，還能點燃現場熱度。

2. 讓顧客參與商品開發

乍看之下，開發商品好像很困難，我們不妨把它想得簡單一點。假設你是麵包店的老闆，每個月可以舉辦一次投票活動，請顧客在每月推出的五個新商品中，投票選出能留到下個月繼續販售的商品。此外，讓投票結果可視化更能炒熱氣氛，建議準備一塊板子，讓顧客在心儀的商品旁貼上貼紙。

總公司位於東京杉並的超市SUMMIT，就把小遊戲變得極為正式，又玩得非常徹底，最經典的例子是二〇一七年實施的「熟食小菜選舉」。

簡單來說，就是在SUMMIT自豪的熟食小菜中選出一個冠軍。與一般投票活動不同的是，每位超市的採購員都要出席，就像真正的選舉一樣提出政見，而且連設計海報、投票箱等細節都不馬虎，甚至還製作政見發表會的影片。接著，顧客要從候選名單中選出一道熟食小菜，寫在店內的專用紙張上，再投進投票箱。

超市的員工也徹底樂在其中，除了會在自己的名牌下方寫上支持的小菜，也會佩掛競選肩帶、站上啤酒箱，發表支持某款小菜的聲援演說。在這一連串的活動中，顧客會被店員影響，並對熟食小菜產生興趣，心想：「哪道小菜有優勢？」、「果然最佳小菜還是烤雞串吧？」

結果，開票當天的總票數高達四萬四千兩百七十一票，「櫻花公主烤雞串」獲得九千六百八十票，當選最受歡迎的熟食小菜。超市依照約定，實施六天八十八日圓的大特賣活動，在這段期間，櫻花公主烤雞串刷新紀錄，業績比前年高出一七〇%。

當然，做到這個程度並不容易，但只要徹底認真執行，更容易打動顧客的心。相信許多讀者可能會心想：「可是我們店裡沒有原創商品……。」即使如此，也不要輕言放棄。可以換一種方式，改由兩個店員展示各自推薦的商品，再設置競爭業績的專區，這麼做也相當有趣！

讓顧客投票就能達成共創，無論是書店、日用雜貨店、藥妝店或是其他店家，都可以應用這個方法。

案例㊸ 超市SUMMIT的「熟食小菜選舉」

舉行人氣投票活動，除了能增加各商品的曝光度、讓店內氣氛充滿活力，還可大幅提升優勝商品的業績。

3. 定期舉辦能作為獎勵的小活動

位於廣島市安佐北區的購物中心「Fuji Grand 高陽」，每天早上九點十分都會在廣場舉辦廣播體操的活動，每次參加都可以得到一個戳章，只要累積二十個戳章，就能兌換五百日圓的商品券。這個活動的參加者多達一百位，大多是居住在附近的銀髮族。

Fuji Grand 高陽的營運公司是位於愛媛縣松山市的連鎖超市 Fuji，該企業正在四國四縣（香川、德島、高知、愛媛）以及廣島、山口等地，拓展 Fuji Grand 和 Super Fuji 等店鋪。Fuji 為了讓顧客認為：「這個城市有 Fuji 真好」，在各地實施不同策略，廣播體操就是其中之一。

Fuji Grand 高陽是 Fuji 在廣島縣的第一家分店，過去高陽地區曾是新開發的城市，但如今已邁向高齡化。舉辦廣播體操的活動不僅是考量到顧客的健康，也希望讓居民感受到與夥伴交流的樂趣。此外，超市還安排免費的購物巴士在高陽地區巡迴，讓無法開車前來的居民能搭巴士購物。

讓我們以這些活動為線索，試著思考新點子。在商店街舉辦結合社區服務的活動如何？舉例來說，可以策劃淨攤、清掃公園等活動，只要參加便能得到商店街的優惠券。當然，即使只是一人商店也可策劃一些小活動，請各位務必思考看看。

以上介紹的方法完全是初步中的初步，最重要的是和顧客一同成就某事，並持續創造新點子，儘管是零碎的小事，只要實際執行都能有所收穫。勇敢踏出第一步後，相信更容易想出能和顧客加深關係的點子。

案例㊹ 超市 Fuji Grand 高陽的「廣播體操」

定期舉辦廣播體操活動，除了有益健康，還能讓顧客感受到與夥伴交流的樂趣。

重點整理

- 共創指的是買賣雙方有共同感受，協創則是相互協力，一同創造出某事物。
- 經常辦活動有助於讓路人成為粉絲，並幫忙擴散好口碑與熱度。
- 堅持商品原本的規格與理念，更容易獲得忠實顧客的長久支持。
- 秉持真情實意待客，回報會反映在回頭率和業績上。
- 用動人故事吸引群眾募資的支持者，除了能有效解決資金問題，還可以培養粉絲。
- 即使互為競爭對手，也能透過協創擦出火花，達到互助雙贏。
- 讓顧客參加小遊戲、參與商品開發、定期舉辦小活動，都有助於和顧客加深關係。

編輯部整理

NOTE

人們看到曬 IG 的照片後，就像被藝術打動一般，情感也會動搖，進而想擁有那項商品，或是想體驗該項服務。

第 5 章

如何幫商品找到「拍照打卡」的理由？

「這個商品好有藝術感，我要拍照傳給朋友看！」

七大情感銷售法的第五個是「銷售曬ＩＧ」。曬ＩＧ這個詞彙在二〇一七年日本「U-CAN 新語、流行語大獎」上獲得年度大獎，應該有不少讀者都知道。

ＩＧ是 Instagram 的縮寫，指的是能修片、發佈相片的社群軟體。「曬ＩＧ」（Instagenic）則是將ＩＧ當作平台，秀出能獲得許多讚數的照片。

本章我不只會著重於ＩＧ這個軟體，也會介紹其他社群網站的案例，以及如何透過曬照片（photogenic）、曬影片（moviegenic）等方式動搖人心，最終創造熱銷。

如今，讓顧客曬ＩＧ的商品或服務已經多如繁星，因此我挑選幾個實用的案例，讓各位應用於自家公司或店鋪。人們看到曬ＩＧ的照片後，就像被藝術打動一般，情感也會動搖，進而想擁有那項商品，或是體驗該項服務。

案例▼外型樸素的羊羹，憑什麼成為社群網站的鎂光燈焦點？

提到用點心曬IG，相信不少人的腦中會浮現色彩繽紛的聖代、鬆餅等甜點。但其實在IG上，有一款給人樸素印象的日式傳統點心非常受歡迎，它是「帶我去月球——Fly Me to The Moon羊羹幻想曲」（以下簡稱羊羹幻想曲）。

這款羊羹來自福島縣會津若松市的駄菓子店㉒「本家長門屋」，該店創立於江戶時代嘉永元年（西元一八四八年）。據說初代店主長平是因為接獲時任藩主松平容敬的命令：「給我做些庶民點心！」才開始製作點心。如今的第五代店主是鈴木隆雄。

為什麼樸素的羊羹會成為IG上的常客？用一句話來描述商品特徵，就是「每一刀切下，圖樣和風味都會一點一滴改變」，而且還能從圖樣上感覺到故事。

羊羹幻想曲呈現梯形狀，最上層和下層是紅豆餡料，中間夾有象徵天空的淡藍色羊羹，嘗起來是香檳口味，而在天空翱翔的小鳥、黃色月亮，則是用檸檬製成。最特

㉒駄菓子是用小米、小麥等雜糧及黑砂糖製成的日式零食，外型樸素且廉價，是專為孩子製造的點心，近年轉變為懷舊風格的古早味。

別的是，圖案會依據切下的位置而轉變。天空將從日落的景致轉變為夜晚、月亮從弦月變成滿月，小鳥則是朝月亮展翅飛翔。切下的每一片羊羹，簡直就像擷取故事的單獨場景。

羊羹幻想曲除了外觀會轉變，風味也有細緻變化。當顧客買下商品並切開之後，就會想要拍照上傳至社群網站，傳達它的故事性。其他人如果受其吸引，便會分享出去，而且希望能實際品嘗。這就是它大受歡迎的原因之一。

羊羹幻想曲於二〇一七年四月一日發售，上傳照片到推特之後，底下立刻出現讚賞的留言，像是：「好美～」、「太漂亮了」、「視覺系和菓子」、「這真是藝術呀」、「絕對要讓大家看看！」而伴隨留言的商品資訊，就這樣成功在網路上擴散。

將商品資訊發佈於推特後，三天內共獲得超過四萬五千個轉推和八萬四千個讚數。訂單如雪片般飛來，甚至達到供不應求的狀態，來自海外的訂單也相繼湧入。這對日式傳統點心（特別是羊羹）來說，真是令人難以想像的狀況。

羊羹幻想曲問世前五年，本家長門屋致力於創新研發，期許為傳統點心開創新頁。為了製作符合概念的點心，他們耗費一年才在第三波主打中，推出羊羹幻想曲。許多人認為切羊羹是件麻煩事，商品開發人員便以此為基礎展開改良，想辦法讓這個步驟變得有趣，進而開發出羊羹幻想曲。此外，本家長門屋也因為這些日式傳統點心，榮獲二〇一七年日本設計振興會的商品設計大獎。

正如以上案例，即使商品乍看相當樸素，只要加入藝術元素，或是讓人不禁想要分享的故事性，或許就能像羊羹幻想曲一樣大紅大紫。各位的商品中是否存有這種可能性呢？實際上，看起來越樸素的商品，越有機會讓人眼睛一亮。

案例㊺　本家長門屋的「羊羹幻想曲」

即便商品給人樸素印象，加入藝術元素後，也可能成為社群網站的焦點。

案例▼顛覆業界刻板印象，用跳痛的顏色更能吸人眼球

我接下來要介紹的咖啡連鎖店，除了店鋪裝潢和商品之外，甚至連杯子等元素都

在ＩＧ上獲得矚目。這家店叫作THE MARK COFFEE SUPPLY，二〇一七年創始於仙台的咖啡站㉓，後來又在神戶、大阪、京都等地拓點。

如果用一句話形容THE MARK COFFEE SUPPLY的特徵，那就是「全部都是粉紅色」。一踏進店裡，映入眼簾的是粉紅色的牆壁、霓虹招牌、桌子、椅子等裝潢，以及店裡極具特色的多款粉紅色系莓果類飲料。除此之外，咖啡用的紙杯也採用粉紅色的時髦設計，拍攝店裡的照片上傳到ＩＧ後，經常大受歡迎。

另外，大阪分店則位於通天閣附近的新世界商店街，店門口擺有粉紅色的汽油桶，在周邊環境中顯得相當突兀，但這也是讓顧客曬ＩＧ的絕佳設置。

在眾多咖啡店裡，THE MARK COFFEE SUPPLY之所以能在短短一年多，就增加這麼多分店，又持續備受矚目，正是因為它徹底聚焦於一種顏色。而且，雖然店名裡有咖啡這個詞，店內卻大量使用與咖啡扯不上關係的粉紅色，給人一種反差感，這些特點都讓人想親自拜訪。

各位的店鋪或商品中，有沒有可以活用顏色的事物？在普遍認為應使用某種顏色的店鋪或商品中，特意聚焦於其他不同顏色，說不定會成為動搖人心的賣點。

案例㊻ 咖啡店 THE MARK COFFEE SUPPLY

推翻咖啡店給人成熟和沉穩的印象，店內使用大量的鮮豔顏色，吸引顧客拍照打卡。

案例▼掌握鮮豔顏色的用法，平凡的在地名產也能備受矚目

現今，沖繩的外國觀光客數量正以驚人之勢增加中。二〇一六年的外國觀光客數量是十年前的二十倍以上，約有兩百一十三萬人，二〇一八年則正式突破三百萬人。沖繩有許多值得曬ＩＧ的景點或食物，我想向各位介紹一家特別的店，其販賣的食物會讓人感受到用心，而且外觀非常上相。

㉓咖啡站（Coffee Stand）是主打站著喝咖啡，也提供外帶服務的咖啡小館。

國際通是沖繩那霸最繁華的一條路，也是縣政府廳舍所在地，這條街原本因戰爭而被燒毀成原野，戰後開始以驚人速度發展起來。順帶一提，國際通這個名字取自當時就存在的電影院「Ernie Pyle 國際劇場」。

沖繩那霸除了國際通這樣的主要街道，通往第一牧志公設市場的路上，可以發現充斥懷舊氣息的拱廊商店街，像是平和通、睦橋通、市場本通等，當中有各式魅力十足的店家。這些商店街與岔路及小巷相連，觀光客只要稍微走偏，就會搞不清楚自己身在何方，不過這種迷路的感覺很有吸引力。

在小巷弄的一隅，有家名為 Market SS43 的沖繩杯飯專賣店。杯飯是沖繩知名的特色料理，外觀為一個塑膠杯，裡頭裝有白飯，上面放有塔可飯、苦瓜雜炒、炒紅蘿蔔絲、豬肉蛋等料理。而且，並非單純把料理鋪在白飯上，而是將食物一層層交疊，因此外觀看起來色彩繽紛又可愛，非常適合用來曬ＩＧ。

Market SS43 考量到旅客專程前來沖繩，希望他們能品嘗到各式各樣的料理，因此刻意減少份量並調降價格，當旅客感到嘴饞時，便可以帶著邊走邊享用。這項商品深受女性歡迎，除了日本人之外，經常可以見到台灣、韓國、中國等地的女孩，開心地拿著杯飯自拍。

其實，杯飯不過是把食材鋪在白飯上，基本上和蓋飯或丼飯的意思一樣，說得再直接一點，就是把蓋飯或丼飯裝進可愛的塑膠杯裡，讓它變得色彩繽紛，並且減少份量，讓顧客能帶著走。

不過，如果在同個地方販售蓋飯或丼飯，應該無法如此受歡迎，正因為在杯飯中加上「外觀」、「份量」、「可以帶著走」的點子，才會備受喜愛。各位是否能在自家店鋪或商品上，應用這些元素呢？

案例㊼ 沖繩杯飯專賣店 Market SS43

客群鎖定為觀光客，並強化外觀、減少份量，吸引顧客與產品打卡合照。

「真的這麼新鮮嗎？賞味期怎麼可能只有十分鐘？」

案例▼賞味期限只有十分鐘！點心用限定感引發好奇心

京都二条城附近有一條三条會商店街，從西元一九一四年起持續營運至今，歷史相當悠久。在街道一隅，有一家甜點店由百年以上的商家改造而成，店名叫作「菓子工房＆Sweets Cafe KYOTO KEIZO」（以下簡稱菓子工房）。該店的店長兼甜點師傅西田敬三，在丸太町的知名西點店BRUNBRUN任職四十年，六十歲以西點職人的身份退休後，才開始自行創業。

菓子工房的招牌甜點是「十分鐘蒙布朗」，賞味期限正如其名，只有上桌後的十分鐘。如果沒在十分鐘內吃完，基座的酥脆餅皮會吸收空氣中的水分，使得口感改變。許多人衝著十分鐘蒙布朗而來，開店前就可看到大排長龍的景象。

不過，最令人敬佩的是甜點的名字，將賞味期限融入其中並取名為「十分鐘蒙布朗」，真是相當出色。當然，口感美味是蒙布朗大受歡迎的基礎，但若沒這個名字，或許無法引發如此熱烈的迴響。而且，在社群網站上，會發現許多關於十分鐘蒙布朗的照片，上頭都加上「太過夢幻的蒙布朗」的標籤，我想這就是高人氣的主因。

案例㊽ 菓子工房的「十分鐘蒙布朗」

品名加入與時間相關的字眼，容易激起顧客的分享欲望，並引發話題。

案例▼將實驗結果拿來命名，「一秒毛巾」更名後大賣

還有個大受歡迎的商品，其名稱也是結合時間，取名為「一秒毛巾」。這家位於東京青梅的毛巾製造商叫作HOT MAN，在日本許多百貨公司或大賣場裡廣開專賣

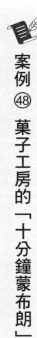

店。

一秒毛巾這個名字的背後，有個令人印象深刻的實驗。那就是剪下一平方公分的一秒毛巾，接著再將它撒在水面上，毛巾便會在一秒內開始沉入水中，由這個實驗也可看出其優秀的吸水力。實際上，吸水力正是一秒毛巾的賣點，甚至比一般毛巾高出八倍，如果用它來擦拭剛洗完的頭髮，還能大幅縮短使用吹風機的時間。此外，實體店裡備有水和毛巾片，顧客可以親自實驗，測試是否真的在一秒內開始下沉。

其實，這個實驗是日本毛巾檢查協會測試吸水性的方法，HOT MAN在公司嘗試後發現，毛巾一秒內就會開始沉入水中，於是才追加命名為「一秒毛巾」。

這項商品早在二〇一三年就發售，卻在更換名稱後才成為超人氣商品，可能是因為名字清楚傳達出商品的優異性和使用感受。不僅如此，二〇一七年一秒毛巾作為美容沙龍專賣品販售，人氣又更上一層樓。

為了讓女性洗髮之後，能輕鬆用毛巾包住頭部，商品改良得比一般洗臉毛巾更長、更寬。而且，只要使用一秒毛巾，便能省下許多吹頭髮的時間。再加上一般人很難想像，時髦又可愛的美容沙龍專賣品當中，竟然有毛巾，這份驚奇更燃起人們分享的欲望，進而推動ＩＧ上的評論熱潮。

此外，全日本各地的美髮沙龍也會在部落格、社群網站上宣傳「一秒毛巾到貨了！」引發他人好奇。另一方面，買到毛巾的一般使用者，則會在社群網站上寫下心得或上傳照片，於是訊息就這樣不斷擴散，商品始終維持在很難買到的狀態。

實際上，如果依循一般銷售毛巾的方法來賣一秒毛巾，應該也會大受歡迎，但HOT MAN將其作為美髮沙龍專賣品進行改良並重新推出，這個手法可說是相當高明。而且，由於與美髮沙龍合作，大型採購的通路令人相當期待。

從現在的公司名稱實在難以想像，HOT MAN的前身是創立於西元一八六八年的梅花紡織，並且持續在「纖維的故鄉」東京青梅，製作日本製高級毛巾。

二〇一五年，坂本將之在三十八歲時就任社長。值得一提的是，他和創立者完全沒有血緣關係，在當時是極大的拔擢。坂本出生於岡山縣，十幾歲便迷上牛仔褲，為了學習更多關於纖維的知識，決心進入信州大學（當時唯一有纖維相關科系的國立大學），最後成功地以第一屆學生的身分，進入信州大學剛成立的感性工學科㉔。

㉔ 感性工學是以科學和客觀角度分析人性，將其與工學技術結合，設計出能回饋社會的產品。

很快地到了求職季節，由於坂本對製造和銷售的工作都有興趣，在與研究室教授商量後，被教授引薦進入HOT MAN。他原本對毛巾毫無興趣，但在參觀工廠、聽完員工介紹後，下定決心到這家公司工作。順帶一提，坂本成為社長之前的頭銜是「研究開發室長兼商品部長」，公司內外都對他就任社長大感意外，連往來客戶也不敢置信。

以上提到的兩個例子，都是在商品名稱中融入時間感，達到加乘的良效，進而創造出能動搖顧客情感商品，各位務必思考看看。但要特別注意，如果缺乏確實根據，可能會產生反效果。

案例㊾ HOT MAN的「一秒毛巾」

用實驗結果來命名，並開拓通路，作為沙龍專賣品販售，提升了話題性與出鏡率。

「住這裡的人好幸運，每天都能看到漂亮的景色！」

案例▼陷入營運危機的電車，如何利用「日常景色」翻轉業績？

岳南電車是靜岡縣富士市的地方鐵路，連結市內的吉原站和岳南江尾站，總長九・二公里，全線共有十個車站，乘車時間約二十分鐘。二〇一八年六月，岳南電車邁入七十週年。

岳南電車原本用於運送貨物，但是在貨物轉由貨車運送後，物流業務便停滯下來，使得收益狀況每下愈況。二〇一三年，岳南電車面臨營運危機，後來被獨立出來成為子公司，並得到當地自治團體的支援，總算得以存續下來。

不過，如今岳南電車備受全日本關注，尤其是每月兩次在夜間運行的「夜景電車」。岳南電車鐵路沿線有許多製紙工廠，在路程中可以體驗穿過工廠建築物的感覺。其實，當初建造這個路線是為了讓工廠的工人進出，以便搬運材料。

很久以前，這裡就是工廠迷都知道的知名景點，尤其當夕陽西下，工廠被夜間的照明設施照亮，呈現更加奇幻的景致。基於這片令人驚豔的特色，岳南電車決定開通「夜景電車」，運行期間會關上車內燈光、打開窗戶，讓乘客充分享受夜景之美。由於在此拍攝的夜景照片非常上相，很快地便在社群網站上引發話題，許多人為了夜景電車蜂擁而至。

如同以上案例，許多對當地居民來說並不稀奇的景色，卻可能成為他人眼中的寶藏。在各位的公司、店鋪、商品或地區裡，有沒有被錯過的寶藏呢？也許只要取個容易記憶的名字，再讓它成為ＩＧ的知名打卡景點，便能得到眾人矚目。

其實，如果想吸引顧客，只要以曬ＩＧ為契機，同時強調該商品與眾不同的魅力即可。岳南電車的魅力並非只有夜景電車，乘客從沿線所有車站眺望出去，都能看見富士山，這個特色在日本絕無僅有。而且，為了讓乘客欣賞富士山的最佳角度，甚至在每站的月台上，設置名為「富士山視角」的絕景觀賞點。此外，岳南電車的車票也相當特別，至今仍使用被稱為「硬券」的舊式車票。

岳南電車不只夜景令人驚豔，工廠群在白天的氣勢也相當驚人，擁有與夜晚不一樣的魅力。此外，還持續舉辦許多特別的活動或服務，例如：在電車裡現場演奏爵士樂的「爵士列車」。岳南電車就這樣以夜景電車為契機，衷心盼望更多人能一步步發現它不一樣的魅力。

案例⑸ 岳南電車的「夜景電車」

尋找商品中是否有被錯過的寶藏，將它加上容易記憶的名字，或是包裝成IG知名打卡景點，便可能成為社群網站的焦點。

案例▼沒落古蹟結合「上相」商品，吸引年輕人慕名而來

從名古屋搭乘名古屋鐵路的特快車約三十分鐘，便能抵達愛知縣犬山市。犬山有許多知名觀光景點，例如：明治村、野外民族博物館小小世界、日本猴子樂園等等，

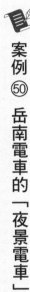

其中最受矚目的就是犬山城和犬山城下町㉕。

犬山城建造於室町時代（西元一三三六年至一五七三年），由織田信長的叔叔織田信康所建，並且傳承至今。由於犬山城擁有日本最古老的木造天守㉖，因此被指定為「國寶」。然而，同樣擁有木造天守的還有姫路城、松本城、彥根城、松江城、松山城、弘前城等，與它們相較之下，犬山城不論是知名度或是人氣，都給人樸素無華的感覺。不過，近年犬山城的到訪人次卻急遽增加。

一九八〇年代，犬山城每年到訪人次曾一度超過四十萬人，不過到了九〇年代，又開始低迷不振。二〇〇三年，更達到歷年最低的十九萬人次。但後來，犬山城的入場人次連續十一年持續增加，近幾年更是以驚人之勢成長，於二〇一七年突破五十七萬人次，是低谷時期的三倍。

許多人常對日本古城抱有刻板印象，認為年長者遊客居多，但犬山城的參觀者卻是以年輕人為中心。這並不是因為城堡的魅力突然增加，而是犬山城下町的人氣急速上升，連帶影響犬山城。

犬山城下町是十分珍貴的歷史遺產，完整保留江戶時代的城市規劃。不過，在二〇〇三年以前，怎麼看都只是一條沒落冷清的街道，當地居民甚至自嘲說：「那裡連貓都不想走！」

和過去相比，如今犬山城下町每逢假日，都會變得熱鬧擁擠，讓人聯想到東京原宿的竹下通。不僅如此，店面數量也有相當大的改變，以往犬山城下町的核心「本町通」只有約十五家店，如今卻增加到大約六十五家，是以前的四倍以上。究竟為什麼犬山城和城下町會變得如此受歡迎呢？

當然，當地團體的長期努力功不可沒，由於他們和名古屋鐵路等企業合作，持續進行觀光宣傳活動，為犬山城奠定扎實的根基。但是，近年讓犬山城擁有爆炸性人氣的主因，其實是曬ＩＧ。

最關鍵的開端來自於「戀小町糰子」這個甜點。戀小町糰子由「茶處藏家」的店長尾辻大志所發想，具體來說就是用竹籤串起數顆糯米糰子，並在上面擺放草莓、蜜柑等不同水果製成的餡料。剛開始銷售時乏人問津，但自從商品照片在社群網站上流傳，許多人紛紛留言稱讚：「好可愛！」從此之後，戀小町糰子成為大排長龍的人氣

㉕ 城下町泛指以城堡為核心建立的城市。

㉖ 天守是具有瞭望、指揮功能的軍事設施，也是日本城郭的重要象徵。

商品，據說週末可以賣出超過一千支。

此外，水果店「芳川屋」則販售「季節水果聖代」甜品，聖代上鋪滿多到令人驚訝的新鮮水果，在社群網站上被稱為「如夢似幻的聖代」、「幸福之味」，從此人氣爆棚。另外，城下町附近還有一間在結緣方面相當靈驗的三光稻荷神社，提供心形的繪馬，以及租借和服或浴衣的服務。遊客可以穿著和服或浴衣享用色彩繽紛的甜點，再將心願寫在粉紅色的心形繪馬上。

犬山城下町有大量適合打卡上傳ＩＧ的商品和景點，深深動搖許多人的心，再加上距離名古屋只要短短三十分鐘的車程，地利之便更是促進發展的一大關鍵。於是，犬山城下町就這樣奇蹟似地復活。

案例51 犬山城和城下町

即使是年長者較多的歷史古蹟，只要設計出上相的商品、景點或行程，便可吸引大量年輕人潮。

案例▼動物園推出「可愛動物餐」，再創一波打卡熱潮

大阪的天王寺動物園於大正四年（西元一九一五年）開園，擁有百年以上的歷史。二〇一七年十月，這家動物園的餐廳ZOO RESTAURANT有了相當大的轉變，餐廳的概念是「更加可愛」。

ZOO RESTAURANT無論是內部裝潢、家具都很別緻，但最值得曬IG的是專為孩子設計的料理，外觀設計為動物的形象，讓人直呼超可愛！

舉例來說，「熊熊蛋包飯」是一隻用茄汁雞肉炒飯作成的熊，從滑嫩的歐姆蛋裡探出頭來，許多人都被牠抬頭往上看的可愛眼神所吸引。「北極熊咖哩飯」則是一隻白飯做成的北極熊，從咖哩中央冒出來。

此外，天王寺動物園裡有一隻名叫「正寬」的雞，牠曾三度與死亡擦身而過，因為不同理由而免於成為肉食動物的活餌，以「奇蹟之雞」的綽號博得人氣。然而，遊客並不知道正寬何時會在哪裡現身，無法隨時見到牠。順帶一提，餐車上可以買到「正寬霜淇淋」，雞冠和鼻子的部分由甜筒代替，眼睛則是以巧克力碎片來表現。

實際上，不管這些食物的形狀多麼可愛，味道都沒有什麼明顯差異。儘管如此，

只要人們覺得可愛、感情受到牽動，便會想要買來嘗試看看，或是拍張照片傳給其他人。

案例㉜ 天王寺動物園的餐廳 ZOO RESTAURANT

在商品中加入可愛元素便會牽動人心，令人忍不住買來嘗鮮，或拍照分享給他人。

習以為常的風景，可能蘊藏讓人遠道而來的價值

曬IG的現象不只在日本形成風潮，而是全世界的共通傾向。或許曬IG這個詞彙某天將不再流行，但是銷售商品時，拍照打卡的風潮應該還會再持續一陣子。順帶一提，最近曬影片（moviegenic）也經常被人提起。因此，各位販售物品時，請時時將上

不上相這件事放在心上吧！

有時候，日本人毫不在意的某些地方，在外國人眼中卻覺得很上相。舉例來說，名古屋的市中心「榮」這個地區，有個複合式設施「綠洲21」（Oasis 21），吸引大量想拍照曬ＩＧ的觀光客到訪。過去我經常在旁邊的大樓上課，所以去過好幾次，實在不覺得那個設施有什麼特別的地方。

當我們看慣某些事物，可能會錯失它的潛力，請各位重新檢視一下，自家公司或店鋪裡，是否有因為司空見慣而錯失價值的事物呢？

重點整理

- 即使商品乍看樸素，只要加入藝術元素或是故事性，也可能變成大紅大紫的暢銷品。
- 在店中巧妙運用特定顏色，可以營造出新潮的現代感，令人忍不住拍照上傳。
- 商品中加入與時間相關的字眼，更容易激起顧客好奇，以及想與人分享的欲望。
- 許多當地居民習以為常的景色，可能是他人特意遠道而來的寶藏。
- 在老派或有歷史感的事物上加入上相元素，有助於吸引年輕客群。

編輯部整理

NOTE

人類對於限定這類詞彙沒有抵抗力，一旦物品被限定，「想要得到」的情感就會受到動搖。根據實驗證實，數量越少的物品，人們越想要，這就是「稀少性原則」。

第 6 章

販售「只有這裡有」的限定感

「真的假的，這裡是唯一沒有星巴克的縣市！」

七大情感銷售法的第六個是「銷售唯獨這裡有」。人類對於限定這類詞彙沒有抵抗力，一旦物品被限定，「想要得到」的情感就會受到動搖。根據實驗證實，數量越少的物品，人們越想要，這就是「稀少性原則」（Scarcity Principle）。

另外，限定還有各種不同方式，可以分成地點、時間或個數的限定，本章要討論的「唯獨這裡有」，就屬於地點限定。

案例▼咖啡結合當地歷史，即使高價也能讓顧客爽快買單

假設你到茨城縣水戶市出差，想喝杯咖啡休息一下，ＪＲ水戶站裡有各式各樣的咖啡店，包括遍及全日本的咖啡連鎖店，以及茨城本地才有的咖啡廳 SAZA COFFEE。你會選擇哪家店呢？

或許有人會選擇遍佈日本的連鎖咖啡店，因為覺得比較放心，但如果是我，絕對會毫不猶豫地選擇SAZA COFFEE。這家咖啡店是以茨城為中心的本地連鎖店，總店距離JR勝田站只需徒步幾分鐘，在水戶站、水戶藝術館、茨城大學、筑波站前等地都有分店。

儘管SAZA COFFEE的價格比一般連鎖咖啡店貴，但如果身在茨城，我還是會想體驗看看。走進店內並看完菜單之後，雖然經典特調咖啡看起來不錯，但我還是點了能感受到這裡才有的「德川將軍珈琲」，這款咖啡選用蘇門答臘島的曼特寧咖啡豆，再經過深度烘焙而成。

德川將軍珈琲的淵源可回溯至德川慶喜，他是水戶藩主德川齊昭的第七個兒子，後來成為江戶幕府第十五代將軍。那時候德川慶喜雇用法國廚師，在大阪的晚餐聚會上用咖啡款待歐美的外交官員，而他的直系曾孫德川慶朝是咖啡狂熱份子，從文獻上得到靈感，想方設法重現江戶幕府末期的法式珈琲。

一九六九年，SAZA COFFEE在茨城的勝田站開幕（當時是勝田，現為常陸那珂）。創辦人兼現任會長鈴木譽志男，原本打算繼承父親經營的電影院「勝田寶劇場」，因此在東京以製作人的身份工作了三年。

然而，當鈴木回到老家，才發現電影業正面臨寒冬，未來充滿不確定性，於是他決定在勝田站前開一家咖啡專賣店，取名為「且座咖啡廳」（現在的 SAZA COFFEE），且座這個詞來自禪語，指的是稍坐片刻、喝點茶休息的意思。

但是，茨城的咖啡消費量低於全日本平均值，一開始顧客數量並不多，於是鈴木決定定期舉辦咖啡講座，傳遞咖啡的歷史、文化，以及萃取美味咖啡的方法。因為他希望不僅賣咖啡，還要傳遞咖啡的品味方式和文化故事。漸漸地，SAZA COFFEE 的粉絲開始逐漸增加。

此外，SAZA COFFEE 堅信好咖啡來自耗工又耗時的好原料，因此走訪世界各地的農園，向當地咖啡農收購品質優良的咖啡豆，朝著提升品質的方向前進。一九九六年，鈴木強烈希望能生產符合理想的咖啡，便在哥倫比亞安地斯山脈的山腳開設「SAZA COFFEE 農園」。然而，咖啡園的命運多舛，經歷兩次鏽病（嚴重影響咖啡樹生長的疾病）而全數滅絕，最後總算熬過來。二〇一七年，SAZA COFFEE 在「哥倫比亞考卡咖啡生產者協會」的品評會上贏得冠軍，二十一年來從未放棄製作理想咖啡豆的態度，終於獲得回報。

不僅如此，SAZA COFFEE 也致力於和茨城當地居民共創地域價值，他們在位於電影院舊址的總店設置「SASA展覽廳」，讓當地居民免費使用，這個策略大獲好評，檔期已排到一年後。此外，SAZA COFFEE 對當地活動不遺餘力，在每年一月下旬舉辦的「勝田全國馬拉松」上，提供約三千杯免費咖啡。二〇一四年，SAZA COFFEE 接獲茨城大學的邀請，在校內開設店鋪，同時也和筑波大學合作開發新品咖啡。

正是 SAZA COFFEE 的策略，以及真誠面對咖啡的態度，因而受到茨城居民熱烈支持，甚至連我這個外地人也深受吸引，只要來到茨城，就會想到 SAZA COFFEE 悠閒地喝一杯咖啡。

各位的公司或店鋪裡，是否能創造出唯獨這裡才有的商品呢？就像德川將軍珈琲一樣，透過那些與土地緊緊相繫的故事，為商品增添附加價值。

案例㊿ 茨城的 SAZA COFFEE

將商品結合當地歷史或文化故事，創造出別處找不到的獨特價值。

案例▼茨城身為「邊緣城市」，如何用哈密瓜逆襲成功？

日本品牌綜合研究所每年都會發表「都道府縣魅力排行榜」，茨城縣自二〇一三年起連續七年敬陪末座，但我實際走訪卻發現，茨城其實充滿魅力，也有許多只在茨城才買得到的東西。接下來，我要介紹水戶市公所附近的居酒屋「酒趣」。

穿過酒趣狹小的入口後，迎面而來的是難以想像的寬廣空間，與其說是居酒屋，不如說是時髦而隱匿的餐食酒吧。值得一提的是，這家店的料理全部採用茨城生產的食材，例如：常陸牛肉、玫瑰豬肉、當地捕獲的魚類與蔬菜等。

接下來我想介紹的餐點具有震撼的外觀，韻味也和其他菜色稍有不同，那就是「整顆哈密瓜冰淇淋蘇打」。這道美食的做法是先冷凍整顆哈密瓜，接著橫切一〇％左右，並挖出中心的部分果肉，再倒入蘇打汽水，最後放上一球冰淇淋。

整顆哈密瓜冰淇淋蘇打是款豪華爽快的飲品，我第一次走進這家店時，便被強力推薦：「絕對要喝！」沒想到一入口驚為天人。哈密瓜呈現半解凍狀態，裡頭的蘇打汽水和冰淇淋融為一體，非常美味又份量十足，讓人光看就先飽一半。更令人驚訝的是，這款飲品竟然只要九百日圓！

整顆哈密瓜冰淇淋蘇打的開發者是酒趣老闆井坂紀元，他還是「茨城食文化研究會」公司的社長。井坂出生於茨城，曾在東京工作過一段時間，但有個念頭一直在他心頭縈繞：「茨城明明有一大堆好吃的食材，卻很少有店家提供，真是可惜！」於是便毅然決然辭去工作，二〇〇二年在水戶開了酒趣。

仔細觀察井坂的名片會發現，頭銜的地方寫著「自稱哈密瓜大使」，這是因為他多年來致力於推廣茨城產的哈密瓜。

其實近二十年來，茨城的哈密瓜產量都穩居日本冠軍，但由於茨城的知名度極低，相較於同樣盛產哈密瓜的靜岡縣和北海道等地，很少人會把茨城與哈密瓜聯想在一起。在如此艱困的現狀下，他希望推出主打茨城哈密瓜的商品，因此發想出整顆哈密瓜冰淇淋蘇打的企劃，而且只在茨城販售。

那麼，這個商品要在哪裡宣傳呢？答案是茨城的國營常陸海濱公園，那裡每年八月都會舉辦日本最大野外音樂活動 ROCK IN JAPAN FESTIVAL，吸引超過十五萬來自日本各地的樂迷。但是，身處盛夏烈日的音樂祭，怎樣才能讓食物更好吃呢？由此疑問衍生出來的大膽點子，便是「冷凍哈密瓜」。

酒趣剛開店時就頗有人氣，如今經過十年，整顆哈密瓜冰淇淋蘇打已經化身為知名特產，變成必須排隊一個小時才能吃到的人氣商品，光是三天的音樂祭便可以賣出六千個。另外，在J1聯賽（日本甲組職業足球聯賽）時，也會作為夏季限定商品，到茨城「鹿島鹿角隊」的主場（鹿嶋足球場）販售，同樣是一開賣便銷售一空。

整顆哈密瓜冰淇淋蘇打的外觀上具有衝擊感，以及唯獨茨城才有的限定感，成功動搖顧客想要購買的情感。而且多虧這項商品，「來茨城就要吃哈密瓜」的認知持續擴散中。井坂的精神令人相當佩服，簡直是如假包換的哈密瓜大使。

二〇一七年，井坂在筑波的研究學園站附近，開設一家主打蕎麥麵的二號店，名為「慈久庵筑波莊—手打蕎麥麵居酒屋 酒趣」，而且蕎麥麵師傅的來頭不小，是茨城第一蕎麥麵名店「慈久庵」的學徒。當然，整顆哈密瓜冰淇淋蘇打也在菜單上。

看完以上案例後，請各位思考看看，自家公司或店鋪是否能巧妙加工當地名產，創造出只有這裡才有的商品呢？

案例㊺ 酒趣的「整顆哈密瓜冰淇淋蘇打」

為了推廣家鄉特產，推出具有衝擊外觀的獨特商品，引發話題而熱賣。

案例▼日本唯一沒星巴克的縣市，在自嘲笑話中找到商機

前陣子我到鳥取縣米子地區出差時，在米子鬼太郎機場的伴手禮專櫃，發現一個大大的「砂場珈琲」專區，覺得心裡有些感慨。

二〇一二年秋天，星巴克咖啡宣佈將在島根縣松江市開設分店，使鳥取成為全日本唯一沒有星巴克的縣市。得知這個消息後，鳥取的知事（相當於台灣的縣長）平井表示：「鳥取雖然沒有星巴克，但是有日本第一的砂丘！㉗」當時這句名言在網路上備受矚目。

當星巴克咖啡於二〇一三年三月在島根縣松江市開幕，隔年四月，鳥取車站前就開了一家「砂場珈琲」，剛開業就被各家媒體採訪報導，平井也親自到店，瞬間成為全日本討論的話題。

企劃與營運砂場珈琲的是經營餐飲店的「GinRin 集團」，原本砂場珈琲的土地預

㉗ 星巴克在日本的簡稱是 sutaba，與砂場（sunaba）發音相近，而鳥取著名景點便是鳥取砂丘。

定用來開居酒屋，但當該公司聽到：「雖然沒有星巴克，但是有日本第一的砂丘！」便開始思考如何為鳥取做些什麼，之後他們獲得平井的背書，決定開設砂場珈琲。老實說，我一開始聽到這個消息時，覺得不過是個噱頭，認為它應該無法長久維持，但結果和我預測的相反，砂場珈琲後來也持續展開強烈攻勢。

二〇一五年五月二十三日，星巴克終於在鳥取開設第一家分店，店址距離砂場珈琲只要徒步幾分鐘。為了迎戰這個強大勁敵，砂場珈琲展開「大危機運動」，首先製作傳單發給顧客，畫上以美國國旗和黑船來航㉘為意象的插畫，文案則寫著：「這個時刻，終究還是到來了。」

這項宣傳活動再次受到媒體大幅報導，讓砂場珈琲的知名度擴及全日本，故事的前因後果都可以在官方網站上看到。而且，這場「危機」以年表的形式刊登記錄，光是閱讀就令人覺得有趣。

實際造訪砂場珈琲的店鋪，會發現這裡和星巴克的風格截然不同，並非採取自助的形式，而是一家瀰漫平靜、懷舊氛圍的咖啡廳。此外，咖啡大多是以虹吸壺沖煮而成，餐點也非常豐富，甚至提供專為銀髮族設計的飯糰套餐、粥套餐等，多款健康養生的早餐選擇。

二〇一六年，鳥取實施的「縣內觀光地認知度調查」中，砂場珈琲竟然搶下第四名的寶座，緊跟在鳥取砂丘、水木茂大道、大山這些知名景點之後。二〇一八年六月，砂丘珈琲在縣內拓展十家店鋪，如今已成為鳥取的巨大觀光資源。

只要巧妙地銷售只有這裡才有的事物，便會變得非常強大，砂場珈琲就是最好的例子。請各位思考看看，自家公司或店鋪的商品，是否能幽默地模仿當地的觀光景點名稱，創造出只有這裡才有的商品。

案例55　鳥取的「砂場珈琲」

以當地的自嘲笑話來命名，不只能留下深刻印象，還能讓人會心一笑。

㉘一八五三年，美國率領艦隊，強行將船隻開進江戶灣的浦賀及神奈川地區，逼迫日本開港貿易。由於船體被塗上防止生鏽的黑色柏油，被日本人稱為「黑船」

案例▼如何為無名的美食製造話題，引爆全國知名度？

日本有許多從當地庶民料理發展而來的美食，也就是「B級美食」，像是盛岡冷麵、浪江炒麵、宇都宮餃子、富士宮炒麵、中津雞肉天婦羅、佐世保漢堡等。其中有些已經是日本知名的料理，有些餐點的知名度卻依然差強人意。許多地區常想透過活化城市來振興地方特產，但始終難以炒熱話題。

位於長野縣南部的伊那市是個靜謐城市，被南阿爾卑斯和中央阿爾卑斯這兩條山脈包圍，城市中央還有一條流向大海的天龍川。我在二〇一七年前往伊那市演講時，得知當地的知名特產「肉麵」，這個傳統家鄉味已經有六十年以上的歷史，許多市民每週都會吃好幾次，但肉麵的知名度尚未遍及全日本，應該很多人都不知道這道美食。

此外，肉麵還有個和其他特產稍微不同、有點不可思議的地方，那就是肉麵的店家分為兩個流派，而且一家店裡只會販售其中一種流派的肉麵。

不論哪個流派，基本材料都是蒸麵、羊肉和高麗菜等食材，不同的地方在於，一個是浸泡在湯裡的湯麵風，另一個則是沒有湯的炒麵風。而且，兩者的起源並不相同，各有發祥的店家，這也使得市民的喜好被分為兩大派。

日本商工會議所㉙決定將肉麵作為「B級美食」介紹給大眾，並在導覽手冊上分兩派來號召食客。伊那市約有三十家肉麵店，湯麵派和炒麵派的比例幾乎各佔一半，我兩種口味都吃過，風味和口感有相當大的差異，讓人不敢相信是相同名稱的料理。

不過，雖然兩種口味的肉麵都很美味，讓人幾乎一吃就上癮，卻難以描述它們的特徵，尤其肉麵還分成兩個流派，可能會讓人覺得有點多餘。究竟怎麼做才能讓肉麵更為人熟知，達到日本知名的程度呢？讓我們一起動腦思考看看。

許多人可能會想花錢辦活動，但是活動結束後，效果多半會隨之消失。我認為最重要的是，每年持續製造某個話題。

如果舉辦人氣投票活動，並將主題定為「肉麵執政黨決定戰」會如何？簡單來說就是讓湯麵派和炒麵派雙方對決，顧客每點一次肉麵就有一票的投票權。這個活動或許會引發市民的大騷動，但藉由每年舉辦人氣投票，應該得以博取重視與關注。

㉙日本商工會議所簡稱日商，是日本中小企業的工商團體龍頭，由各地區當地的公司組成。

在人氣投票中獲勝的流派得以取得執政權，不僅可以到處打著執政黨的名號備受禮遇，還能在宣傳手冊上刊登大版面報導。另一方面，吃敗仗的在野黨會在各方面遭受冷淡對待，手冊上的介紹文字也只有米粒的大小。

相信票數低的一方會強烈感受到兩者待遇上的極大落差，將這份屈辱藏在心裡，決心明年一定要成功雪恥，便會積極服務客人，熱心籌辦選舉活動，並和其他同為在野黨的店家團結一致，一同在媒體上拉票。

當然，參加投票的人不僅限於市民，選舉期間來到伊那市的觀光客也擁有投票權。到了政黨輪替時，各位不覺得這會成為新聞，氣氛也會變得更熱絡嗎？

案例56　長野縣伊那市的「肉麵」

如果想要推廣被埋沒的當地美食，可以結合當地居民與觀光客的力量，合力推出有競爭性，又可持續引發話題的活動。

【方法】在商品加入「人」的元素，用平淡日常感動人心

案例▼觀光地不賺觀光財！小布施馬拉松帶跑者進入真實生活

如今，日本幾乎每週都有馬拉松活動。二〇〇七年，東京馬拉松為日本帶來馬拉松熱潮，包含小型活動在內，日本每年都會舉辦兩千場以上的馬拉松盛會。

近十年來，馬拉松活動增加了五成，直到約五年前，跑者人數還在不斷增加，但這幾年幾乎達到飽和狀態，陸續出現面臨存亡危機的活動。

其中，「小布施ＭＩＮＩ馬拉松」（以下簡稱小布施馬拉松）至今已舉辦超過十五年，但參加人數卻增加十倍左右。順帶一提，名字中的ＭＩＮＩ不是指「迷你」，而是「來看」的意思（日文「來看」的發音也是ＭＩＮＩ）。

小布施位於長野縣東北部，雖然人口只有一萬一千人，但處於交通和經濟要衝，

江戶時代起就十分繁榮，葛飾北齋、小林一茶等文人墨客都曾經到訪。如今，城鎮保留許多當時的歷史遺產，是長野屈指可數的觀光景點。

小布施馬拉松在「海之日」舉行，也就是每年七月的第三個星期一，參加者可以在歷史悠久的城鎮裡進行半程馬拉松活動。二〇〇三年，第一屆小布施馬拉松約有八百個參加者，二〇一七年則增加至約七千四百人，其中六成以上都是參與超過兩次的回頭跑者。如此高人氣的秘密，可能是因為馬拉松的主題概念明確，以及唯獨小布施才有的限定感。

實際上，小布施馬拉松的活動概念並非單純與時間賽跑，而是讓跑者邊欣賞周邊美景邊享受其中，根據馬拉松的文案「從ON之路跑向OFF之路」，就能理解主辦者的想法。

另外，小布施馬拉松的路線也不是觀光勝地或主要街道，而是安排在河堤、田間、巷弄等小路上。也就是說，跑者不是來到「每年有一百二十萬人次造訪」的觀光地，而是邊欣賞小布施的日常邊享受半程馬拉松。

小布施馬拉松還有個特色，就是時間限制寬鬆，只要在五小時內跑完二十一公里即可，這個規定是希望對跑步沒自信的人，也能體會完跑的成就感和喜悅。另一個特色是，跑者可以穿上任何服裝跑步，結束後甚至會頒發「最佳造型獎」，因此許多人都會特地變裝來參加。

不僅如此，沿途還有超過二十個官方和私人設置的補給站，不只提供基本的飲用水和洗手間，還有各式食物和飲料，像是鹽糖、小布施牛奶、牛奶煎餅、野澤菜（類似於芥菜）、味噌醃漬小黃瓜、冰淇淋、蘋果汁、信州牛肉、小番茄等。甚至有跑者不只追求「完賽」，更以「完食」為目標。

此外，沿路上除了會看到許多當地人演奏樂器鼓勵跑者㉚，還擠滿為跑者加油打氣的當地居民，他們都是自發性參與活動，和跑者一同享受樂趣。

由於當地居民齊心協力，小布施馬拉松成為唯獨這裡才有的馬拉松盛會，每年的活動都備受歡迎，如今的跑者甚至比第一屆多出將近十倍。各位的公司或店鋪，是否也能和顧客共同創造地域價值，銷售唯獨當地才有的事物呢？

㉚「演奏」與「緣走」的日文發音皆為ensou，意思是透過演奏和跑者們結緣。

案例57 小布施MINI馬拉松

一般馬拉松常以觀光景點為主要路線，小布施馬拉松則刻意選擇田間巷弄，讓參加者悠閒感受該地點的日常生活。

案例▼為何漁夫穿了一年的牛仔褲，價格直逼新品的兩倍？

當商品加入「人」的元素，便能創造出唯獨這裡才有的限定感。第三章曾介紹過DISCOVERLINK Setouchi這家公司，該公司還有一項和ONOMICHI U2並駕齊驅的專案，那就是「尾道丹寧計畫」。

尾道的備後地區以製作高品質的丹寧布料聞名，DISCOVERLINK Setouchi為了將備後的纖維產業傳承下去，並向世界介紹尾道的魅力，因而想出尾道丹寧計畫。

尾道丹寧計畫的企劃是世界首創，邀請到「丹寧界巨匠」林芳亨設計師一同合作。設計師出生於尾道東邊的松永市（現為福山市），擁有自創品牌 RESOLUTE。該企劃為了做出真正的二手丹寧褲，請兩百七十位尾道市民參與，讓他們一整年都穿著 RESOLUTE 的牛仔褲工作。

首先，將全新的牛仔褲發給兩百七十個在尾道工作的人，每人兩件，參與者包括漁夫、農夫、木工、水泥匠、幼教老師、咖啡廳店員、住持等。再請這些人連續一週穿著同一件牛仔褲，一週後再拿至專門清洗的工廠洗滌並烘乾，至於清洗衣物的期間，則改穿另一件牛仔褲。就這樣每週交互重複循環，耗時一年後，便可創造出真實掉色的二手丹寧褲。

尾道丹寧計畫於二〇一三年一月啟動，二〇一四年便順利開店。各位應該很好奇褲子的價格，原本新品是兩萬兩千日圓，變成二手褲後，依據不同狀態，價格竟增加超過兩倍，飆漲至四萬八千日圓不等，而且聽說越貴的褲子賣得越好。

當然，店家也會標註這條褲子是什麼職業的人穿過，喚起買家的想像：「原來是這個職業，才會有這樣的掉色啊。」據說，負責「養」牛仔褲的漁夫、木工們完全無法理解，為什麼自己穿得破破爛爛的褲子，會變得如此高價。

我認為製作二手牛仔褲的過程本身，就是尾道丹寧的價值。原本相同的五百四十條全新牛仔褲，在上面加諸人的元素後，便產生五百四十個不同的故事，並增添尾道獨有的附加價值。

如果有顧客看見牛仔褲背後的價值，情感因而受到動搖，無論如何都會想買一件。在各位提供的商品中，是否可以加諸人的元素，產生只有在此才能買到的附加價值呢？

案例㊽ DISCOVERLINK Setouchi 的「尾道丹寧計畫」

在商品中加入「人」的元素，便能產生此地才有的限定感與附加價值。

【方法】採取與同業不同的策略，走出無可取代的獨家路線

案例▼便利商店不賣關東煮、八點打烊，竟拿下北海道第一市佔

便利商店如今在日常生活中已經不可或缺，但是最近十年，日本許多中型便利商店都被7-11、全家、LAWSON給吸收。由於這三大連鎖企業總共擁有九〇％以上的市佔率，想在日本市中心看到其他的便利商店，變得越來越不容易。

不過，在鄉鎮地區，某些大型連鎖企業之外的便利商店，仍有壓倒性的存在感，例如北海道的Seicomart。從全日本的數據來看，它的店鋪數量是第六名，不到三大便利商店的十分之一。但如果將範圍縮小到只有北海道，數量就會超越7-11，躍升到冠軍寶座，而且顧客滿意度非常高，甚至獲得SECOMA的愛稱，受到北海道居民的熱烈支持。

Seicomart 最值得一提的是店內的調理食品 Hot Chef，品項非常豐富。店員會在附設的廚房調理炸豬排丼、燒肉丼、炸雞、飯糰等食品，提供熱騰騰的料理。另外，熟食小菜和冰品區的品項也相當多樣化。

此外，Seicomart 還貫徹一個特別的策略：「盡量不做其他便利商店正在做的事」。舉例來說，堅持不二十四小時營業，甚至有些門市晚上八點就打烊，這是因為店鋪位於人煙稀少、高齡者較多的地區，必須控制夜間人事和水電費用。此外，他們也不賣關東煮、甜甜圈等食品，顧客如果想購買，就必須到其他便利商店。

Seicomart 就這樣走出一條和其他便利商店不同的獨家路線，賦予自己只有這裡才有的價值，或許這就是獲得北海道居民熱烈支持的原因。各位的公司或店鋪是否能與同業採取不同策略，進而銷售唯獨這裡有的商品呢？

案例 ㊾ 便利商店 Seicomart

刻意不與同業採取相同策略，而是致力於獨家賣點，走出一條難以被取代的路，並獲得粉絲支持。

案例▼堅持做自己想用的保養品，從當地品牌飛躍國際

近幾年有個非常受矚目的北海道美妝品牌，那就是LAUREL股份有限公司的旗下品牌shiro。shiro的許多產品都是由可食用的材料製作而成，像是酒粕、KAGOME昆布㉛、芝麻、亞麻仁油、紅豆、橄欖、柚子、燕麥、仙人掌、蘆薈等，都是該品牌的獨特賣點。

shiro主打讓人可放心使用的自然派美妝，使用者大多是在意美麗與健康，而且皮膚較敏感的女性。如今，除了東京表參道總店、自由之丘店之外，日本約有二十家直營店，在倫敦和紐約也分別有三家和一家分店。

LAUREL本來是販售當地農產品伴手禮的公司，創立於北海道砂川市，該地位於札幌和旭川之間，人口只有一萬七千人左右。

LAUREL的現任社長今井浩惠自短期大學畢業便進入LAUREL，工作六年後已經

㉛ KAGOME昆布是種只在北海道函館周邊才能採集到的昆布，營養價值極高，其中的黏液成份有助於美容，也適合用來製作各種料理。

大致熟練所有工作，於是開始考慮獨立創業，並向前任社長提出辭呈。沒想到前任社長對她說：「現在這家公司就是妳的了，我希望妳成為社長、重建LAUREL，妳離職的話LAUREL就只好歇業。」

今井聽聞後思考了兩個小時，她心想：「如果因為自己而讓公司歇業，相當不好意思」，於是決定接受就任社長的提議。那年二〇〇〇年，當時她才二十六歲。然而，今井就任社長前只是業務部長，因此引發公司內部極大的反彈，當時公司約有三十名員工，其中一半都憤而辭職。再加上公司欠債數億日圓，經營跌落谷底。

在如此慘烈的情況下，今井決定轉換業態，將LAUREL打造為生活雜貨製造商，主打自己過去負責的入浴劑、化妝水等商品。以此為契機，公司開始接手無印良品、Francfranc、Afternoon Tea等多家知名企業的代工生產，營業額迅速向上翻倍。負債也在三年內全部還清。

之後，今井考慮到代工生產無法和顧客直接面對面，決定親手製作並販售自己每天都想使用的東西，於是將公司名稱LAUREL作為品牌名稱，成立以護膚商品為主力的自家品牌，並在二〇〇九年開設第一家實體店，地點位於直接連結JR札幌站的「札幌STELLAR PLACE」。

二〇一三年冬天，今井又做出一個重大決策，她在幹部會議上宣佈，要從約五百家企業的代工生產中完全撤退，全力投入自家品牌的生產與製作。

當時，代工生產帶來約十億日圓的營業額，而自家品牌只有數千萬日圓的營收。不過，她展現強烈的決心，甚至對員工直言：「無法跟隨我的人可以離職，就算剩我一個人也要做下去。」接下來，她將所有商品的製造方法都告訴可信賴的製造商，請他們交接一切工作。

二〇一五年十月，今井將品牌名稱改為shiro，並且改變公司的路線，轉而製造並銷售自家產品，shiro的極速進擊之路就此展開。順帶一提，shiro是由今井兩個兒子的名字首字母「S」，再加上自己名字中的「Hiro」（浩的日文發音）組合而成，品牌名稱富含今井強大的意念：「只做自己想要的東西。」

其中，主力商品「shiro KAGOME昆布美容液」是今井做菜時靈機一動想到的。她當時為了煮高湯，先將昆布浸泡在水中，看見昆布變Q彈的模樣，心想：「如果可以重現在肌膚上就好了！」

於是，她開始調查各式各樣的昆布，發現函館「KAGOME昆布」的黏滑成份最為優異，擁有滿滿的褐藻醣膠、海藻酸等保濕成份，便著手製作萃取KAGOME昆布精華的純粹化妝水。而後，又以此為基礎，不斷堅持提升濃度和保濕力，開發出「富含百分之百有效成分」的美容液。

如今，shiro 使用的主要素材都是北海道的當地產品，但一開始其實並非如此。據說，他們為了尋找化妝品原料，甚至特地前往海外秘境出差，卻一無所獲。筋疲力竭地回到日本後，在砂川隨處閒晃時，才發覺北海道有許多優質素材。

各位的公司和店鋪是否曾嘗試製作自己喜愛的商品，或是自己也想要的商品呢？將此強大意念和只有當地才有的商品連結起來，就可能讓顧客說出：「我早就想要這種商品了！」

案例⑥⓪ 化妝品公司 shiro 的社長今井浩惠

善用當地獨有的原料，加上內心強大的意志支撐，開發出自己喜愛，也滿足顧客需求的商品。

案例▼廣告公司銷售客制化訃聞，在同業中異軍突起

macose Agency（以下簡稱 macose）是家位於鹿兒島縣的廣告代理商，本業是製作報紙、電視、廣播、網路等廣告。但若只有如此，就和其他廣告代理商相同，難以備受他人的矚目。

macose 還有另一項比本業更知名的日本冠軍事業，那就是殯葬領域，主要業務是製作原創訃聞感謝函，macose 為該領域的先驅，也是日本市佔率之冠。

各位出席喪禮時，是否曾收過訃聞感謝函，並因其中的內容而印象深刻呢？常見的訃聞感謝函幾乎都是制式內容，但如果你看到的感謝函寫著令人感動的小故事，很可能是由 macose 所製作。

macose 和大約一千五百家葬儀公司合作，客戶遍及全日本，地區橫跨北海道到沖繩，一年製作約十二萬個訃聞感謝函。如果以全日本葬儀公司的總和推算，製作量約佔一成。

macose 有一百一十六名員工，首先透過電話詢問家屬與亡者間的回憶，再據此製作原創的訃聞感謝函。令人感到驚訝的是，他們一天要處理三百到四百件案子，而且

一年三百六十五天反覆進行。

客製化訃聞感謝函的想法來自於 macose 的創辦人五十嵐芳明，他在一九八八年創立公司，當時年僅三十歲，至今仍擔任社長一職。某次五十嵐出席某位公眾人物的喪禮時，在回程車站的垃圾桶裡，看見大量被丟棄的訃聞感謝函，雖然對此感到不舒服，但卻無可奈何，因為制式訃聞感謝函難免令人想丟棄。當時市面上的訃聞感謝函幾乎都是固定規格，無論誰的喪禮都一成不變。以此為契機，五十嵐決定推出客製化訃聞感謝函。

當時五十嵐靈光一閃，想到可以製作充滿情意的原創訃聞感謝函，如果讓人讀完後緬懷故人，就不會落得被棄置的命運。再加上因為自家公司是廣告代理商，擁有設計與製作的環境和資源。此外，過去 macose 也與葬儀公司合作過大量訃聞廣告，這些管道都成為推進事業的動力。

二〇〇三年，macose 展開製作原創訃聞感謝函的事業，一開始只根據葬儀公司發包過來的文案來製作，但隨著資訊科技環境的進化，轉而聽取亡者的故事，再據此撰寫文章並設計製作，逐漸建立起現在的體制。

原創訃聞感謝函的委託多來自葬儀公司，員工會在指定時間致電給家屬，瞭解亡者的個性和故事。不過，由於家屬失去親人後情緒不穩定，又為了籌備喪禮而忙碌，從他們口中問出故事並不容易，需要貼近對方情緒的同理心，以及高度溝通能力。

具體來說，員工必須詢問家屬以下問題：「他的為人如何？」「他喜歡什麼食物、什麼歌、什麼花？」「他活在怎樣的時代？」「他過去深愛什麼？」「擁有最棒的回憶是什麼？」一般而言，頂多五分鐘就能採訪完這些問題，但偶爾有家屬會滔滔不絕地說上一個小時。面對這種情況，員工必須見機行事。

採訪結束後，員工會在一小時內將故事整理成六百字原稿，並由校對者再次確認細項，包括是否確實傳達想法、遣詞用字是否正確、是否有錯字或漏字等。最後，再將文章寄給葬儀公司，家屬確認過後便算交貨完成，全程平均約兩小時。

macose 寫出的故事相當動人，經常令家屬、出席喪禮的親戚或賓客，甚至是葬儀業者都不禁流下眼淚。喪禮之後，許多家屬會寄來感謝信件，感動地表示：「這真是充滿情意的訃聞感謝函。」

正因為 macose 以「原創訃聞感謝函」來動搖顧客的情感，才會成為無可取代的公司，讓自家商品具備絕對優勢。macose 的故事也被刊載在《全日本最想要珍惜的公司（6）》一書中，那本書介紹許多優秀的中小企業，他們相當重視商品中是否存在

「人」與「幸福」的元素，並致力於實踐這個經營理念。

各位的公司或店鋪是否能在僵化或老套的商品中，置入動搖情感的元素呢？或許藉由這個方法，就能創造出只有自家才有的商品，並成為無人能取代的公司。

案例 61 macose的「原創訃聞感謝函」

在僵化或老套的商品當中，置入動搖情感的元素，就能在顧客心中留下無法取代的地位。

【方法】活用當地的「不良文化」，反而更引人好奇

為什麼前不良集團「鉈出殺殺」總長，會一頭栽進農業？

我在本書的序章中介紹過「重金屬樂小松菜」，負責企劃、栽種與銷售的是位於千葉縣富里市的農業生產廠商「蔬菜農場」。

蔬菜農場的創辦者暨代表人田中健二，出生於千葉縣的偏鄉，高中時期十分叛逆，自稱是不良團體「鉈出殺殺」的第一代總長（該團體只有兩個人），總是開著改造車到處蹓躂，不只一次引來警察的關切。

田中在高中畢業後，進入父親經營的果菜市場盤商公司，從事批發、物流、管理、業務等工作。基本上，農產品從產地到零售店的整個過程，他大致上都有經驗。之後，他成為產地直送的負責人，並在全日本的農業現場看到各種令人惋惜的場景。

田中發現農園中有大量的廢棄蔬菜，而且大多農民比起產品品質，更重視市場供需關係，因此市場價格經常產生波動。這些現象使田中湧現危機感，他心想：「再這樣下去，日本農業會完蛋！農民的意識必須盡快改變才行！」

不過，田中又想到，只要拿出過去在市場的全部經驗，並將其用在農業上，即使是被認為賺不了錢的農業，也一定可以獲利。田中會如此有信心，是因為他知道自己最大的優勢，就是熟知生產後的市場程序。

當時，大多農家都追求以低價販售優質產品，但田中不這麼認為，而是打算採取以高價銷售優質產品的策略，這樣農家才能擁有價格的決定權。於是，田中花了一整年請教農家的前輩，自行嘗試後，發現從事農業具有可行性，便在二〇一二年和兩個夥伴共同創業，一開始先栽種並銷售小松菜、白蘿蔔、金美紅蘿蔔等蔬菜，開啟他的農業之路。

案例▼尖銳插圖配「募集不良少年」文案，英特爾精英都來應徵！

蔬菜農場大受矚目的原因是一張刊登於人力銀行的插圖。為了募集人力，蔬菜農場在專門徵求農業相關工作的網站上，刊登徵才廣告。當時田中暗暗決定，絕對不要寫出平凡又老梗的廣告文案，像是在農夫的臉或田地照片旁寫上：「要不要嘗試在太陽下種菜呢？」這種常見的廣告就相當無趣。

田中的經驗告訴自己，這類型廣告無法突顯和其他公司的差異，也不會吸引人來應徵。蔬菜農場當時向貨運公司租借辦公室，該公司那時在網站上刊登類似廣告，總共耗資一百五十萬日圓，卻沒有半個應徵者來面試。

於是，田中決定不使用照片，盡可能採用風格尖銳的插圖來展現差異。不僅如此，由於田中過去是不良少年，當時大腦乍現「募集前任不良少年」這個關鍵字，因為他認為不良少年和農業有很多共通點，例如：好強不服輸、喜歡汽車或摩托車、熱愛組織、看重人情和義理等。當然，最重要的理由是，這個關鍵字不僅能和其他廣告產生差異，也相當引人注目。

然而，「募集前任不良少年」的文案卻被人力網站的負責人拒絕，於是田中決定只用插圖來展現世界觀，吸引對此有興趣的求職者，引導他們從人力銀行網站連到自家的徵才網頁，並提出以下訴求：

募集前任不良少年

- 刺青ＯＫ（紋身貼紙ＮＧ）。
- 菸蒂燙傷疤痕ＯＫ。
- 只要是「前任」暴走族、幫派份子、女暴走族、彩色幫派㉜都ＯＫ！
- 無農業經驗者ＯＫ！燙電棒頭待遇優！知道《Champ Road》㉝更加分！

蔬菜農場用文案和插畫來表達玩心之餘，也認真熱切地寫下工作內容，以及農地耕作的策略方法。結果，立刻吸引超過四十人來詢問，再加上多家媒體爭相採訪，帶動更大的效果。

首先，《東洋經濟Online》刊登一篇報導，標題是〈用不良氣勢挑戰日本農業！那些原本騎重機，後來駕駛農業牽引機的男人們〉。報導刊登後，電視、網路媒體的採訪不斷，據說上了雅虎話題之後，流量一下子增加太多，導致伺服器當機。

標題寫上「募集前任不良少年」、「電棒頭待遇優」等搶眼好記的字眼，內容卻是正經八百的農業理論，這種做法實在很受媒體歡迎。

如今蔬菜農場的員工人才濟濟，包括網路商店顧問兼獨立金屬樂團吉他手、前龐克搖滾歌手、不良集團「犯那殺多」的第一代總長（過去曾與「鉈出殺殺」是敵手）、東大畢業的前日本航空執行董事、前英特爾執行董事等。

加上工讀生及外國實習生後，蔬菜農場的員工在五年內增加至三十人，不少人因為網站徵才資訊前來應徵。順帶一提，真正的前任不良少年據說只有五人左右。

由於人力銀行上的徵才廣告，讓蔬菜農場剛成立就備受矚目，這個結果是田中始料未及的。

案例62 蔬菜農場的徵才廣告

刻意放上尖銳插圖和有新鮮感的文案，吸引各界精英前來。

32 彩色幫派（color gang）是不良集團的一種，團員會以特定顏色的服裝作為象徵。

33 《Champ Road》是專門介紹汽車、摩托車的雜誌，閱讀群眾主要是日本暴走族，後來因為暴走族文化衰退，於二〇一六年休刊。

案例▼認真執行愚蠢點子，居然讓人湧出購買的衝動

蔬菜農場的主力商品是小松菜，其口感會因為土壤中的硝酸鹽濃度而改變。為此，他們頻繁診斷土壤，並將結果發表於量販店等各通路。雖然這些數字可以當作銷售賣點，但如果只有這樣，宣傳效果不夠強烈，必須推出「唯有蔬菜農場才種得出來的蔬菜」，才能在顧客心中留下深刻印象。

有一天，蔬菜農場負責宣傳的長山衛在電視上看到，某家麵包工廠讓麵團聽古典樂，結果提升酵母活性。在某次的酒席上，他突然想起這個令他印象深刻的新聞，於是隨口嘟噥說：「如果讓鐵質豐富的小松菜聽重金屬音樂，會不會增加鐵質啊？」沒想到得到全場一致讚賞，認為這個點子相當有趣。

由於長山曾擔任重金屬樂團「Olympos16 鬪神」的吉他手，於是負責重金屬音樂的作詞與作曲，創作出〈採伐小松菜〉這首歌（後來成為蔬菜農場的社歌）。但是，實際讓小松菜聽這首歌後，發現鐵質沒有增加，訂單卻增加了，就如同本書開頭所寫的結果。

仔細思考會發現，讓小松菜聽重金屬樂是很愚蠢的點子，但蔬菜農場非常努力地

執行，沒想到開發出無可取代的獨特商品，正是這份認真動搖人們的情感，令人產生想購買的心情。

在各位的公司或店鋪裡，是否可以認真嘗試一些有點愚蠢的事物，進而創造出只有自家才有的商品呢？

案例63 蔬菜農場的長山衛

將電視上偶然看到的有趣點子應用於自家產品，並且持續執行，最終獲得意想不到的好結果。

重點整理

- 商品結合當地文化或歷史故事，即使高價顧客仍會爽快買單。
- 把自嘲或諷刺笑話當作賣點，不只能令人會心一笑，還可以留下深刻印象。
- 希望商品長期受矚目的方法不是舉辦盛大活動，而是每年持續製造某個話題。
- 在商品中加入「人」的元素，便可以產生限定感及附加價值。
- 在僵化或老套的商品或服務中，置入動搖情感的元素，就能建立無法取代的地位。
- 利用特殊的插圖搭配有新鮮感的文案，讓顧客走過不路過。

編輯部整理

NOTE

當人們湧上懷念的情緒，內心便會動搖，進而出現許多與消費有關的行為。尤其是成為社會人士之後，那些童年、學生時代嘗過的酸甜回憶，更會在人們心中產生漣漪。

第 7 章

激起顧客「懷舊」的心情

【方法】人們心中的美好回憶，就是龐大商機所在

七大情感銷售法的第七個是「銷售懷舊（Nostalgia）」。Nostalgia這個英文單字指的是「懷想逝去的時代或遙遠的故鄉」，而Nostalgy則是相同意義的法語。

當人們心頭湧上懷念的情緒，內心便會動搖，進而出現許多與消費有關的行為。尤其是成為社會人士之後，那些童年、學生時代嘗過的酸甜回憶，更會在人們心中產生漣漪，許多人為了再次體驗過去的美好，即使價格偏高也捨得花錢。

現在市面上許多商品都是將昭和時代的懷舊感當賣點，但當平成時代（西元一九八九年至二〇一九年）結束後，未來可能會出現平成懷舊、平成復古等關鍵字。

案例▼任天堂推出復古遊戲機，全球狂賣四百萬台

二〇一六年十一月，任天堂發售「任天堂經典迷你紅白機」（簡稱迷你紅白

機），這是一九八〇年代風靡一時的紅白機復刻版，外觀維持過去的復古設計，尺寸縮小為原本的六〇%，並且內建「大金剛」、「瑪利歐兄弟」、「小精靈」等三十款遊戲。此外，因為定價五千九百八十日圓相當合理，一推出便有雪花般的訂單飛來，遠遠超乎預期，甚至有許多玩家根本買不到。

二〇一七年十月，「任天堂經典迷你超任機」（簡稱迷你超任機）發售，這是一九九〇年代人氣爆棚的超任機縮小版，內建二十一款知名遊戲，包括「超級瑪利歐賽車」、「太空戰士VI」、「星之卡比超級豪華版」等，定價為七千九百八十日圓，人氣也相當高漲，發售三個月內，便創下全球熱賣四百萬台的佳績。

實際上，迷你紅白機和超任機的主要購買者，大多是童年時期瘋狂玩紅白機、超任機的世代，由於懷念過去時光，因此想再次體驗，這就是大熱賣的原因。不過，懷念的情感不只會出現在體驗過的事物上，有時即使沒有親身體驗過，也會對古老時代的建築物、風景、商品等事物，懷抱深深的懷念之情。

近年來，許多處於淘汰邊緣的商品，都獲得年輕人支持，例如：黑膠唱片、錄音帶、迷你音響組合、即可拍相機等，很多人過去未必實際用過，卻對那個使用類比訊號的年代感到懷念。在各位的公司或店鋪中，商品是否有讓人懷念的元素？

案例64 任天堂復刻板紅白機與超任機

許多人為了回味童年回憶，願意花錢購買復刻板或紀念版商品。

案例▼懷舊產品不只促進購物欲，還可以宣傳新技術

一九九二年九月，日清食品發售第一代「日清拉王」，這款泡麵最特別之處在於使用生拉麵作為麵條，而不是常見的乾燥麵條，當時刷下爆炸性火紅紀錄。實際上，我第一次吃到時，也驚豔於那令人震撼的味道。再加上日清拉王的電視廣告具有衝擊感，令人相當難忘。二〇一〇年八月，第一代生拉麵停產，取而代之的是「第二代拉王」，麵條採用獨家專利技術，非油炸麵條製作而成，現正好評販售中。

二〇一八年一月，為了紀念第一代拉王發售二十五週年，第三波紀念商品推出日清拉王復刻版醬油與味噌口味。兩款商品皆使用非油炸麵條，口感如生拉麵一樣滑

溜、充滿嚼勁，充分重現第一代拉王的特色。包裝則高度還原當年的外觀，而且設計得更有光澤感。

這兩款復刻版拉王一發售，就吸引許多人購買，有人因為懷念而買，並將感想上傳到部落格或社群網站，有人只是單純覺得古早味好吃。然而，也有人不滿地認為：「明明是拉王的復刻版，為什麼不使用當年的生拉麵？」日清明知道會出現這樣的反彈，為何還是不使用生拉麵？據我個人推測，日清可能是為了向「拉王世代」喊話：「我們的非油炸麵條技術，已經進化到足以重現生拉麵的程度！」

根據「CODE編輯部」的調查發現，購買復刻版拉王的顧客中，八成以上都不是第一代拉王的回購者，而是因為被復刻版的字樣吸引、感覺到懷舊感才買。另外，對味道感到滿意的比例則超過九成。

許多人可能受到復刻版拉王的吸引，時隔多年再次購買拉王系列商品，假如消費者對味道感到滿意，成為忠實消費者的可能性就會提高。對日清來說，藉由復刻版商品來喚起懷念，具有相當重大的意義。在各位的公司或店鋪裡，是否也能推出復刻版商品，以此刺激顧客懷念的情感，同時宣傳最新技術呢？

案例 ⑥⑤ 日清拉王復刻版

重新推出復刻板商品除了能喚起顧客懷舊的心，也是吸引新顧客、宣傳新技術的好機會。

案例▼五台歷史級電動木馬，誘使一百四十六萬遊客湧進遊樂園

在群馬縣前橋市有家名為 Luna Park 的遊樂園，前身是一九五四年開園的前橋市中央兒童樂園，二〇〇四年向市民公開募集暱稱，得到 Luna Park 的愛稱，這個名字來自於前橋出身的詩人萩原朔太郎，他於〈在遊樂園〉一詩中，將「遊樂園」旁註為 Luna Park。

Luna Park 入園免費，每項設施的搭乘費用都非常便宜，大型遊樂設施只要五十日圓，小型則只要十日圓。遊樂園有八種大型遊樂設施，包含迷你直升機、旋轉木馬、

轉轉賽車場、豆豆火車等，就算全部玩一輪也只要四百日圓。其中，最吸引人的非木馬館莫屬，館內保有五台超過六十年歷史的古早級電動木馬，開園至今超過五百萬人玩過，因而被登記為國家有形文化財。

最近幾年，Luna Park因為復古感而聚集人氣，二〇一六年的入園人次高達一百四十六萬，創下過去的最高紀錄。遊樂園人氣飆升的主因，當然不是遊樂器材有多新穎，而是持續在社群網站發佈「全日本最懷舊遊樂園」的概念。其中，最有魅力的便是前文提到的木馬館，由於遊樂園的懷舊感適合拍照，吸引許多親子來訪，不少家長會上傳孩子乘坐木馬的照片到社群網站，形成宣傳的良性循環。

在各位的公司或店鋪裡，是否能推出令人產生懷念之情的商品，讓顧客想將這份情感上傳到社群網站？

案例⑯ 遊樂園 Luna Park

吸引顧客不一定要追求最新的硬體或器材，保有過去風尚的復古感也可以打動人心。

「我一定要去這個地方，因為讓我想起小時候……」

案例▼老舊公設市場的轉型，竟帶動全日本復古橫丁的風潮！

說起「橫丁」（日文小巷弄的意思）一詞，你的腦中會浮現什麼畫面？可能會聯想到熙來攘往的狹窄小巷弄，裡頭座落各種小型飲酒店，顧客則以中年男子為主。

東京有相當多知名橫丁，像是新宿站的「回憶橫丁」、涉谷的「吞兵衛橫丁」、吉祥寺的「口琴橫丁」等，它們都是戰後的黑市起源地。另外，有些街道雖然名字裡沒有橫丁，卻也算橫丁的一種，像是「新宿黃金街」、「HOPPY 通」等。

近年來，許多街道模擬這些具有昭和感覺的橫丁，重新建立「新橫丁」。例如：二〇〇一年在北海道帶廣市開幕的「北之屋台」、二〇〇二年青森縣八戶市的「彌勒橫丁」等。不過，真正點燃近期橫丁熱潮的帶頭者是東京的「惠比壽橫丁」。

惠比壽橫丁位於車站附近，由公設市場「山下購物中心」演變而來，當中約有二十家小型飲酒店鱗次櫛比。男女老少都相當享受這個具有昭和時代感的空間，連日熱鬧非凡，據說還成為男女邂逅的新地點。

惠比壽橫丁的企劃者名為濱倉好宣，他除了擔任「濱倉商店製作所」的社長，同時也兼任餐飲企劃師。二〇〇六年，當濱倉來到公設市場時，看見昏暗又冷清的商店街裡，只剩一家魚販仍有營業。他心想：「這些空店面明明位於車站附近，卻被閒置在這裡，實在太可惜了。如果可以維持既有的昭和時代氛圍，再引進多家有個性的店家，也許可以轉變成充滿活力的地方！」於是他下定決心實踐自己的構想，開始和土地所有權人進行商量。

濱倉決定讓市場空間規劃維持原貌，並開始募集店家進駐。值得一提的是，濱倉並非遵循一般管道，而是一邊喝酒一邊和前來洽談的商家逐一對談，並且直接在酒局中商議，有租借意願的店家包括他人介紹而來的個人店鋪，以及中小企業老闆。

由於濱倉希望橫丁裡的業態不重複，必須從串燒、串炸、關東煮等二十五種不同類型的店當中做選擇，最後為了公平起見，甚至決定用猜拳的方式決定，能接受如此提案的店家，才適合在此做生意。

惠比壽橫丁於二〇〇八年開幕，從昏暗冷清的商店街搖身一變，成為匯聚人潮的地方，受到廣泛年齡層的男女熱烈支持。二〇一八年三月，在新橋車站附近的高架橋下方，同為濱倉企劃的「新橋高架橋下橫丁」也盛大開幕。

惠比壽橫丁的成功轉型，影響不少大型外食企業相繼開發橫丁風格的餐飲店，尤以居酒屋營運公司「大庄」最為明顯。大庄先後在立川站附近開設「旭日食肉橫丁立川肉市場」，三鷹站附近開了「三鷹汽油桶橫丁」，以及新宿站西口附近的大樓地下樓開設「新宿名店橫丁」。如今，刻意呈現昭和時代氛圍的店鋪正不斷擴增中。

另外，還有店家結合「西班牙酒吧文化」以及「日本橫丁文化」，形成獨特的「酒吧橫丁」。雖然西班牙酒吧文化和昭和時代的風格稍有不同，但這種獨特的商業設施也正在增加。

酒吧橫丁的營運公司名為 imprise，是家位於東京新宿的新創公司，主要業務為企劃餐飲店。據說代表董事社長大野博司是西班牙狂熱份子，由於長時間泡在當地酒吧，才會想出這樣的結合。imprise 在二〇一七年五月開設「蒲田酒吧橫丁」、六月開設「赤坂酒吧橫丁」，並在同年十月於京都烏丸三条開了「烏丸酒吧橫丁」。

案例67 惠比壽橫丁

保留街道的年代感，再引進充滿個性的店鋪，為沒落商店街注入新活力。

案例▼沒人敢走進的商店街，如何變成人滿為患的假日市集？

通天閣是大阪的象徵之一，附近的新世界商店街在大正時代非常熱鬧，可說是足以代表大阪的繁華鬧區。然而，這條街在戰後開始凋零，一九七〇至八〇年代轉變為一條令人不敢靠近的街道，連白天路過都會令人感到有點緊張。

一九九〇年代後半，由於新世界商店街的昭和氣氛令人感到相當懷舊，逐漸吸引年輕族群造訪。二〇〇〇年代後半開始，這裡更增加許多以串炸店為主的大阪道地餐廳。之後，新世界搖身一變，漸漸地發展成有如主題樂園的街道，而且將「大阪風格」呈現得淋漓盡致。如今，即使是平日也擠滿情侶、攜家帶眷的旅客和外國人，十分熱鬧。

不過，離開主要道路之外後，還是有些地方散發著令人難以靠近的氣息，距離惠美須町車站幾分鐘路程的「新世界市場」便是如此。

新世界市場具有百年以上歷史，裡頭有條狹窄、低矮的拱廊商店街，全長約一百公尺，但幾乎所有店家都已拉下鐵門，鼎盛時期約有四十家店，如今只剩不到十家店。雖然有些觀光客會經過這個市場，但必須鼓起勇氣才能走進去。然而，現在新世界市場搖身一變，展現出極度繁華的景象。

自二〇一八年三月起的每個星期天，新世界市場會舉辦「沒有標價的市集＝WEEKEND PRICELESS MARKET」（簡稱W市集），原本鐵門深鎖的街道將妝點上紅色燈籠和門簾，報名進駐的店鋪可以直接在鐵門前擺攤，整體氛圍呈現濃厚的亞洲氣息，據說靈感來自於台灣的夜市。主辦單位希望盡量不損及原本商店街的感覺，又能散發出讓人想要拍照打卡的氛圍。

W市集每週約有二十到三十個不同的店家進駐，而且種類五花八門，像是亞洲雜貨、首飾配件、皮革小物、二手衣、和服、斯里蘭卡奶茶、書法、擦皮鞋、加州卷㉞專賣店、咖啡廳、瓜地馬拉產的高級巧克力等等。看似毫無關聯的店之間有個共通點，那就是所有商品都沒有標價。

W市集的最大特徵是必須用大阪腔向店主詢問價錢，一切都從「這個多少錢？」這句話開始。藉由和店家講價，便能得知製作者的心意或商品故事，獲得全新的購物體驗。

這個企劃的發想者是TRICK DESIGN的董事森田純多，該公司位於大阪西區，專門企劃並執行獨特活動。森田有感於在網路購物發達的時代，只要點幾下滑鼠就能買到東西，他心想：「如果能採取面對面談話的銷售形式，對賣家或買方來說，應該都是嶄新的體驗。」

順帶一提，據說森田將這份企劃帶到好幾個商店街，卻無法獲得理解，只有新世界市場給他以下的答覆：「雖然不是很瞭解，不過我們試試看吧！」

二〇一七年試辦W市集後，在社群網站上成功引發話題，吸引大量顧客蜂擁而至，也被媒體採訪報導。而且，W市集的高人氣對市場的既有店家也產生良性影響，

㉞ 加州卷（California roll）是捲狀壽司，常見餡料有酪梨、黃瓜、蟹肉棒、沙拉醬等，首先將米飯鋪在海苔上後翻轉，再將上述材料捲起，最後於外層撒上白芝麻或蝦卵，又稱反卷壽司。

因此便成為定期舉辦的市集。

此外，其中有家女裝店常被知名電視節目《月曜夜未央》採訪，它就是販售豹紋、虎皮等動物圖樣的「NANIWA 小町」，有了電視傳播的加持，吸引更多顧客在星期天前往W市集，可說是熱鬧非凡。

W市集還有許多創意的活動，其中一個是「真實群眾募資卡」。簡單來說，W市集會給顧客一張募資卡，讓顧客親手將卡片交給支持的店家，收集到最多卡片的店家，便能獲得開業支援金。從這個活動可看出，W市集並非曇花一現的活動或熱潮，而是真心想將新世界市場的空店面變成魅力商家，達到活化區域的效果。

此外，新世界市場的入口和出口還設置類似於香油錢箱的盒子，如果顧客覺得有趣或願意支持商店街活化，便可自由投入「打賞金」。募得的資金將全部用於設備修繕，以及店鋪的開業支援金。

W市集運用七大情感銷售法的所有元素，成功在現場創造出熱度。首先以懷舊的昭和時代空間為基礎，其空間充斥讓人想拍照曬IG的世界觀，而且花費也不高。另外，不少年輕人看到社群網站的宣傳而專程前來，如果這些耳目一新的購物體驗打動他們，便會想要分享給別人，並與W市集共創一套能讓活動持續的機制。綜合以上元素，新世界市場成功變成只有這裡才有的商店街。

此外，森田心中始終存有一個抱負，他希望W市集在大阪當地做出實績、確立品牌之後，再將這些知識技術沿用到全日本的商店街。

案例68 新世界市場的「W市集」

在冷清的商店街加上異國風情的裝飾，並把人與人的互動作為賣點，吸引想嘗鮮的顧客專程前來。

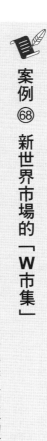

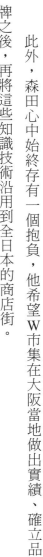

「參加這個活動後，我留下一生難忘的經驗！」

案例▼怎麼將校園活動發揚光大，甚至活化整個城市？

日本各地的夏天和秋天，都會有形形色色的祭典，知名的大型慶典總會湧進大量人潮，但小型祭典則沒什麼觀光客，當地人也不認為能成為觀光的招牌。不過，即使是小巧的祭典，也可能帶給觀光客懷舊感，讓他們在該場域獲取難得經驗。

二十多年前，我剛從當時的公司離職，前往峇里島展開為期數週的單人旅行，並在烏布（Ubud）遇見一位當地人，那天他帶我騎單車前往位於深山小村落的通宵慶典。我們騎了一小時以上的山路，路途中伸手不見五指，我不禁擔心地想：「應該沒問題吧？」但當我一抵達村落，映入眼簾的是宛如另個世界的懷舊景致。

那裡的小攤販鱗次櫛比，特別搭建的帳篷從早到晚持續開放，舞台上進行各項舞蹈和表演，到處都充滿笑聲。雖然時值深夜，卻看到很多孩子開心地參與其中，所有村民都非常享受這一年一度的慶典。

令我驚訝的是，明明是第一次參加這個慶典，心中卻有股懷念的情緒油然而生。此外，由於慶典只有我一個外來者，相當受矚目，這也是在一般觀光景點無法體會到的特別經驗。相同地，雖然在日本鄉鎮舉行的小型慶典無法吸引太多觀光客，但卻可能成為外來人士的獨特體驗。

提到青森縣，很多人會想到夏天的三大睡魔祭㉟，分別是青森睡魔祭、弘前睡魔祭、五所川原睡魔祭，三者的吆喝聲各有不同，青森是「Rassera-」，弘前是「Ya-yado」，五所川原則是「Yattema-re」。三個祭典都有大量觀光客到訪，每年飯店總是一房難求。不過，青森每年仍會舉辦許多小型慶典。

我在某年七月份到弘前出差，那天晚上青森縣立弘前高中（以下簡稱弘高）正在舉辦「弘高睡魔」。我當時不知道弘前有這個活動，完全是基於偶然。

㉟日本睡魔祭最有名的是超過二十座的睡魔燈籠，主要由紙、竹、蠟燭等材料製成，題材大多與歌舞伎和歷史神話有關。由於過去的燈籠使用燭火，也被稱作火之祭典。

弘前睡魔祭在八月盛大展開之前，弘高睡魔將作為弘高文化祭的前夜祭登場，舉辦單位為當地升學率最高的弘高，這項傳統從一九五三年持續至今。

弘高的學生們在期末考結束後，會動員高一到高三各班學生，耗費十天左右準備弘高睡魔的紙燈籠。所有工作都是從零開始，包括設計、製作燈籠基座和人偶骨架、糊紙、上蠟、塗色等，皆是由學生一手包辦。

完成睡魔燈籠後，學生們將以班級為單位，到弘前的主要道路上結隊遊行，穿著浴衣邊吆喝邊前進，活動時長約兩個小時。儘管這只是一所高中的活動，遊行的主要道路仍受到交通管制，禁止車輛通行。

沿途中，可看到弘高學生的家人、朋友、畢業生等相關人士，也會有一般市民到場觀看。由於這是高中生舉辦的活動，許多弘高以外的高中生、中小學生也會共襄盛舉，雖然沒有擁擠到摩頂放踵的地步，但沿途的人潮從未中斷。

我坐計程車打算前往飯店時，司機告訴我飯店前的道路也是遊行路線，因此便順道參與弘高睡魔。從睡魔燈籠的完成度來看，和日本三大睡魔祭的遊行燈籠有頗大差距。而且，各班級的品質參差不齊，其中也有完成度極低的作品。

儘管如此，我在參與這項活動時，內心不知為何湧上一股酸甜的情緒，甚至還不小心感動起來。街上的展示作品都是全班同學共同完成，再加上是在市內的主要道路上結隊遊行，許多人都會看見自己的心血，對學生來說必定永生難忘。可以想像，在製作睡魔燈籠的過程中，同學之間可能產生爭執，也可能萌生戀情，這些青澀的插曲非常適合拍成電影。

不過，除了弘前當地居民，應該很少人知道弘高睡魔。請各位一起思考，如何透過弘高睡魔來活化弘前這座城市。招募外國觀光客一同參與活動如何？而且不僅只有觀看遊行，而是從製作睡魔燈籠開始參與，這對弘高的學生而言，也是國際交流的大好機會。

此外，由於弘高睡魔在暑假舉行，也可以招募其他縣市的高中生，讓當地居民以外的人，也能在弘前度過青春的一週，說不定他們還會因此成為這座城市的頭號粉絲。除此之外，相信各位還可以想到其他不同方法。

日本各地有許多規模不及弘高睡魔的慶典，雖然並不知名，但說不定只要實際體驗過，都可能成為一生難忘的回憶。請各位思考看看，是否能利用以上提到的元素活化城鎮，也許其中藏有公司或店鋪生意興盛的關鍵。

案例⑥⑨　弘高睡魔祭

即使只是社區或校園活動，對當地居民以外的人來說，可能是一生珍貴的回憶。

重新看待習以為常的傳統活動，找出不一樣的商機

在某年的十一月，我在明治神宮碰到以下場景。當時正值七五三節[36]，穿著和服的母親和五歲男童被許多外國觀光客詢問是否可拍照。觀光客的人潮一波接一波，他們才往前走沒走幾步，又遇到其他觀光團體，並多次希望能和這對母子合影。

為什麼會出現這樣的景象呢？對日本人來說，在七五三穿和服是件平凡無奇的事，但卻令外國人非常心動。除了七五三之外，日本還有各式各樣的傳統活動，像是新年、開鏡[37]、節分、女兒節、賞花、端午節、七夕、盂蘭盆節、彼岸[38]、賞月、賞

楓、冬至、除夕等，不勝枚舉。

和過去的日本家庭相比，確實執行這些傳統活動的家庭逐漸減少。然而，正是在這樣的時代下，日本傳統節日不只引起外國人興趣，也令許多日本人感到相當懷念。各位何不試著徹底運用這些傳統活動呢？

即使公司的定位、推出的商品與傳統活動沒有直接關係，但只要採用第一章介紹的銷售方法，將體驗當作商品的附加價值，或是將體驗和商品搭配販售，應該就能充分結合。這份對傳統活動的懷念，或許能讓商品熠熠生輝。

㊱七五三節是日本的傳統活動，每年十一月，家中若有三歲男女童、五歲男童或七歲女童，會穿著和服前往神社或寺廟參拜、祈福，以求孩子健康平安地長大。

㊲開鏡有兩種不同的意思，一種是在新年時捶打鏡餅（一種用糯米做的麻糬）並吃掉，祈求當年平安。另一種則是用木槌敲開祝賀用清酒桶，該儀式象徵未來的好運氣。

㊳相當於台灣的掃墓。

「在這裡買CD，讓我腦中湧現初戀的回憶……」

案例▼為何唱片公司要在國道休息區，販售復古精選CD？

二〇一八年四月十一日，日本歌手松任谷由實（暱稱Yuming，從一九七〇年代活躍至今）出道四十五週年的精選專輯《來自由實的，戀歌。》正式發售。

這張專輯是「最佳精選二部曲」的終部曲，首部曲是二〇一二年發售的四十週年紀念精選《日本之戀，由實的愛。》，內含三張CD、收錄四十五首歌曲，推出至今銷售突破百萬張。

《來自由實的，戀歌。》發售一週，專輯銷量就突破十萬。同年四月二十三日，更獲得日本公信榜專輯排行榜的週冠軍。在CD式微的時代，依然創下如此佳績，真不愧是Yuming。然而，在這次的精選專輯中，琅琅上口的人氣曲目較少，給人樸素的印象。而且最令人頭痛的是，如何在資訊爆炸的時代，將專輯的發售情報傳達給核心目標群眾，也就是 Yuming 世代的青壯年歌迷。

這張專輯的負責人是環球音樂的上野廣美，她十分希望採取嶄新的銷售方式來創造話題。某天，她想起粉絲經常說：「提到開車兜風的音樂，就會想起 Yuming」，於是靈機一動，想試試在能勾起回憶的地方銷售CD。

上野根據這個想法，決定利用高速公路容易塞車的黃金週（四月底至五月初），在國道休息區銷售松任谷由實的專輯。企劃名稱是「黃金週就聽 Yuming，在中央高速公路上兜風吧！」實際的擺售地點則是山梨縣的談合坂服務區，而且只限定五月三日至五日三天販售。另外，只要購買目標商品，還有機會抽到商品券。

順帶一提，選擇在此販售是因為 Yming 的名曲《中央高速公路》，企劃上還寫著：「如果 Yuming 世代知道國道休息區有販售 Yming 精選輯，或許就會因為懷念而購買。」實際上，真的有不少 Yuming 世代被《中央高速公路》所吸引，進而買下專輯。不僅如此，電視報導也發揮相當不錯的宣傳效果。不過我認為，如果安排特別的驚喜，或許會造成更大的話題。例如：在抽獎中放入更稀有的禮物（像是和 Yuming 一同用餐），或是邀請 Yuming 本人親臨休息區，都是不錯的點子。

各位可以試著將自家公司或店鋪的商品，放置於能喚起懷舊思維的場所販售，或許便能動搖消費者的情感，讓營業額有所成長。

案例⑦⓪ 在國道販售松任谷由實的精選CD

將商品放在能喚起回憶的地方販售，有助於勾起顧客的懷舊心情，進而願意花錢購買。

案例▼將充滿老字號書店的城市，打造得讓人想專程來閱讀

如今，昭和時代的復古喫茶店正在日本形成一股小小風潮。喫茶店不同於自助式的咖啡連鎖店，光是喝一杯咖啡，就能令人沉浸在懷舊的氛圍裡。

日本許多城市都擁有多家優秀的喫茶店，但我認為足以稱為「日本喫茶店文化冠

軍」的是岩手縣盛岡市，各處座落許多氣氛極佳的喫茶店或咖啡廳。最知名的有位於材木町北上川附近的「光原社可否館」、站前路上的「卡布奇諾詩季」，以及櫻山神社附近的「Ribe」等。

另一方面，盛岡也以文人名家眾多聞名。根據日本總務省調查，盛岡二〇一七年的家庭平均購書金額（不包含雜誌、週刊、電子書）為一萬三千七百三十日圓，居全日本之冠。實際上，盛岡的文化水準原本就相當高，而且在出版式微的時代，許多當地老字號書店仍屹立不搖，像是東山堂書店、澤屋書店等。由此可看出盛岡是座充滿書卷氣息的城市。

尤其是位於盛岡車站裡的「澤屋書店FES”AN分店」，該店最大的特色，就是讓人想買書。一踏入書店，可看到牆上貼有動搖顧客情感的POP宣傳文字，導致我每次到盛岡出差都會被打動，明知行李會變重還是忍不住買了好幾本書。

距今大約六年前，我在「光原社可否館」和當地人聊天時，被問及：「我們想將盛岡打造成『書之城』，您覺得如何？」當時我的意見和回應如下：

一般人即使聽到「書之城」，也不會產生想去盛岡的欲望，畢竟以書店數量來說，盛岡遠不及東京。如果改成「全日本讓人最想看書的城市」如何？盛岡擁有許多令人想在裡頭悠閒閱讀的喫茶店和咖啡廳，街角還有漂亮的景點，應該能吸引人前來，並於社群網站上曬自己正在讀書的照片。當然，盛岡美味的食物也非常多。

如果問那些在東京疲於工作的人：「要不要只為了閱讀，特意來一趟盛岡呢？」相信會有許多人被打動。所以我認為，可以先拍一系列年輕人在盛岡閱讀的照片，再透過網路傳送出去，您覺得如何？

記得當時我說完這段話後，剛走出店門沒多久，便在北上川的河灘上，看見一個正在閱讀的男高中生，那個姿態十分帥氣，簡直如實呈現我想要表達的感覺，而且這個想法至今依然沒有改變。

案例㉑ 全日本最愛買書的城市「盛岡」

結合數據資料和別處沒有的獨家特點，營造讓人願意專程前來的氛圍。

案例▼兩座喜愛書籍的城市，該怎麼良性競爭或合作？

幾年後，我才知道青森縣八戶市自詡為「書本之城：八戶」，這個稱號來自於市長小林真在二〇一三年選舉中的發言。的確如此，八戶有許多存在感強烈的當地書店，像是「Kaneiri」、「伊吉書院」等。

最近，位於八戶市中心外的「木村書店」，也悄悄在網路上成為熱門關注話題，主因是書架上的POP宣傳文字相當吸睛，而且推特上流傳的「POP負責人日記」也非常有趣。

此外，二〇一六年十二月，八戶開設日本第一座市營書店「八戶市書本中心」，持續購入多元豐富且專業的書籍，當中包含難以在一般書店買到的冷門書。除此之外，八戶市書本中心設置的「讀書會之房」、「吊床讀書房」、「隔離包廂」等有趣設計，也是特色之一。

盛岡和八戶雖然橫跨兩個縣，但搭乘新幹線只要三十分鐘的車程，開車走高速公路也不遠，約只要一個半小時。我認為如果這兩個城市能以「書」為主題，進行共創或競爭，應該相當有意思，也一定會在媒體上引發話題。

而且，往返盛岡到八戶時，可以搭乘第三部門鐵路[39]「ＩＧＲ岩手銀河鐵道」，若兩個城市共同開發閱讀專用的「讀書電車」，相信會很有趣。衷心期盼這個撼動人心的策略某日得以實踐。

案例㉒「書本之城」八戶

為了向大眾推廣城市特色，除了設立獨一無二的建築或設施外，也可以與其他賣點相似的城市共同推出套裝行程。

[39] 第三部門鐵路有別於ＪＲ、私鐵、市營地下鐵的營運模式，是由地方政府、企業、中央政府等單位共同出資成立，也就是公私合營的鐵路企業。

重點整理

- 當懷念情緒湧進人心，就算價格偏高也願意花錢重溫過去的美好。
- 吸引顧客不能只追求最新硬體或科技，保有過去風尚的復古感也可以打動人心。
- 即使只是社區或校園活動，對當地居民以外的人來說，可能是前所未有的體驗。
- 將商品放在能喚起回憶的地方販售，有助於勾起顧客的懷舊心情，進而願意購買。
- 發展觀光的方法除了設立特色建築或設施，還可以與其他賣點相似的景點合作，共同推出套裝行程。

編輯部整理

結語　被情感驅動是人性，巧妙運用人性是實力！

在《為什麼超級業務員都想學故事銷售》中，我曾介紹過新潟的三人偶像團體「Negicco」（蔥少女團），並表示不知為何就想支持她們。這幾位女孩來自新潟的演藝學校，二〇〇三年為了宣傳新潟特產「美肌蔥」，被選拔為一個月期間限定的偶像，之後由於種種原因而持續演藝活動。

Negicco 歷經許多波折，如今已成軍超過十五年。距今六年前，我在因緣際會下被她們的故事打動，於是對這個團體產生興趣。為了把她們的事蹟寫成一本書，我多次前往新潟採訪，時間長達一年以上。

我在採訪時，被這幾個女孩以及周遭相關人士的人品給打動，當我回過神來，才發現自己已經成為粉絲。從此以後，不論在演講場合或是書籍裡，都盡可能提到 Negicco，希望能多少提升她們的知名度，並把這個行動當作自己的使命。

不過，我在結語提到 Negicco 並不只是為了表達支持，而是認為她們的故事可作為地方小型公司或店鋪參考。Negicco背後沒有大型經紀公司，而且十五年來持續在新潟進行活動，穩扎穩打地增加粉絲人數。某位粉絲曾在部落格上，寫下對於Negicco的想法，令我印象非常深刻：

「我愛上Negicco的第一個理由是音樂，接著是團體擁有的故事性，再來則是成員的個性和人品，以及由粉絲和工作人員共同創造出的「Negicco文化」。喜歡她們的順序也是如此，至今未曾改變。我最近常有一種特別的感覺：「以上特質都很優秀的團體真的相當少見！」」

我們試著將以上文字套用到「地方的日式點心店」。首先是「日式點心的美味」，接著是「日式點心店擁有的歷史或故事性」，再來是「店主和工作人員的個性及人品」，最後是「工作人員和粉絲共同創造的氛圍」。如果有日式點心店能高度地滿足這些元素，必定會成為一家生意興隆的店，並且吸引大量狂熱粉絲。

話說回來，Negicco每天都在進行本書提倡的「七大情感銷售法」所有元素：

1. 能在現場演唱會體驗幸福感
2. 許多打動人心的小故事
3. 專屬於 Negicco 樂曲的世界觀
4. 粉絲團結一致的共創關係
5. 可以曬ＩＧ的蔥商品
6. 唯獨新潟才有的在地偶像
7. 某種懷舊的音樂特質

無論各位的公司、店鋪規模再怎麼小，所在地再怎麼偏僻，只要能確實學習 Negicco 的活動，必定可以撼動顧客的情感，一步一腳印地增加粉絲人數。如果想知道具體的活動呈現方式，請務必前往 Negicco 的表演現場親身感受。

Negicco 在十五週年紀念日（七月二十日）當天，在新潟市中心的「古町七番町」商店街舉辦免費活動。隔天七月二十一日，又在新潟最大的展覽中心「朱鷺展覽館」舉辦演唱會。很遺憾地，這兩天我都因為工作而無法到場支持。

不過，多虧粉絲朋友的幫忙，我在社群網站及粉絲的部落格上，大致掌握現場的活動。古町商店街的免費活動吸引許多人潮，多到擠滿會場的走廊，馬路上也充斥「蔥色的螢光棒」（NegiLight），形成壯觀的景致。

十五年前，Negicco也在同個場地演唱，但眼前的觀眾僅有三十人，與現在簡直是天壤之別。活動開場時，與商店街理事川上英樹共同致詞的「熊先生」（熊倉維仁經紀人）大受感動，用手機拍下當時的景象，讓我有幸可以透過影像體會現場的熱度。

隔天在朱鷺展覽館的演唱會，Negicco帶來三十一首歌曲，唱到代表作〈壓倒性風格〉時，從日本各地聚集到新潟的兩千位觀眾，和身邊的人搭肩起舞，現場散發出和諧的整體感，呈現令人震撼的景象。

雖然我沒親臨現場，但光是看報導就深受打動、情緒激昂，這是因為我熟知她們十五年來的故事。沒錯，在現場湧現熱度之後，接下來就會產生故事。

為了避免和《為什麼超級業務員都想學故事銷售》重複，本書幾乎沒提到該如何傳播故事，但如果各位已掌握創造現場熱度的能力，請務必閱讀該書，好好打造自己的故事，再進一步將它散播出去。

本書介紹許多案例，以及他們如何運用七大情感銷售法打動顧客的心。由衷感謝讓我採訪的所有公司與店家，祝福各位生意更加興隆。在此，我要再次感謝角川新書編輯部的藏本淳，與我共同創作出第四本作品。

本書若能為各位的公司、店鋪帶來現場熱度，將是我至高無上的喜悅。感謝你閱讀到最後，讓我們在某地再相會！

國家圖書館出版品預行編目（CIP）資料

連賈伯斯都想學的非理性行銷：廣告教父教你動搖人心 7 堂課，激起顧客的「購物衝動」！/川上徹也著；黃立萍譯
－－初版. －－新北市；大樂文化 ，2019.11
272面；14.8×21公分. –（UB：61）

ISBN 978-957-8710-50-4（平裝）
1. 行銷學

496　　108017963

UB 061

連賈伯斯都想學的非理性行銷

廣告教父教你動搖人心 7 堂課，激起顧客的「購物衝動」！

作　　者／川上徹也
譯　　者／黃立萍
封面設計／蕭壽佳
內頁排版／思　思
責任編輯／劉又綺
主　　編／皮海屏
發行專員／劉怡安、王薇捷
會計經理／陳碧蘭
發行經理／高世權、呂和儒
總編輯、總經理／蔡連壽
出 版 者／大樂文化有限公司
地址：新北市板橋區文化路一段 268 號 18 樓之 1
電話：（02）2258-3656
傳真：（02）2258-3660
詢問購書相關資訊請洽：2258-3656
郵政劃撥帳號／50211045　戶名／大樂文化有限公司

香港發行／豐達出版發行有限公司
地址：香港柴灣永泰道 70 號柴灣工業城 2 期 1805 室
電話：852-2172 6513　傳真：852-2172 4355

法律顧問／第一國際法律事務所余淑杏律師
印　　刷／韋懋實業有限公司

出版日期／2019 年 11 月 28 日
定　　價／290 元（缺頁或損毀的書，請寄回更換）
I S B N　978-957-8710-50-4